5 高層雲……55

変種……56
(半透明雲／不透明雲／二重雲／放射状雲／波状雲)

副変種……60
(乳房雲／尾流雲／ちぎれ雲／降水雲)

6 乱層雲……63

副変種……64
(降水雲／尾流雲／ちぎれ雲)

7 積雲……67

種……68
(扁平雲／並雲／雄大雲／断片雲)

変種……72
(放射状雲)

副変種……73
(頭巾雲／ベール雲／尾流雲／降水雲／アーチ雲／ちぎれ雲／漏斗雲)

8 層積雲……79

種……80
(層状雲／塔状雲／レンズ雲)

変種……83
(半透明雲／不透明雲／隙間雲／二重雲／波状雲／放射状雲／蜂の巣状雲)

副変種……90
(乳房雲／尾流雲／降水雲)

9 層雲……93

種……94
(霧状雲／断片雲)

変種……96
(不透明雲／半透明雲／波状雲)

副変種……97
(降水雲)

10 積乱雲……98

種……99
(無毛雲／多毛雲)

副変種……101
(かなとこ雲／乳房雲／ちぎれ雲／頭巾雲／ベール雲／降水雲／尾流雲／漏斗雲／アーチ雲)

その他……108
(雷雲)

11 飛行機雲……109

たくさんの航跡／飛行機雲の発達／飛行機雲による大気光象／消滅飛行機雲

12 一度は見たいちょっとレアな雲……114

K-H波雲／穴あき雲／地形性の雲(笠雲・吊し雲)／収束性の巨大な積雲／馬蹄雲

2 空を彩る大気光象……117

大気光象とは……118

虹……120

光環……122

彩雲……123

光芒・薄明光線……124

ハロ……126

環天頂アーク……130

環水平アーク……131

タンジェントアーク……132

外接ハロ……133

幻日……134

パリーアーク……135

幻日環……136

120°幻日……137

サンピラー……138

ラテラルアーク／映日……139

雲をつかむ話──雲観察のコツ教えます！……140

あとがき……143

コラム

雲観察の邪魔者とは……20
22°ハロ（内暈）と巻層雲の関係……39
高積雲の夕焼けは美しい……54
雨の正体は雲の中でできる雪の結晶……65
飛行機から見る雲の姿……72
雲観察の落とし穴……74
雲を撮るためのカメラとは……78
対流圏とかなとこ雲……99
高々度放電現象「スプライト」……108
夜の雲を観察してみよう……113
360°の虹をつくる……125
大気光象が見られる頻度はどれくらい？……129
太陽近くのまぶしい雲を観察するときの裏技……136

本文デザイン・DTP ──── Malpu Design（黒瀬章夫）

はじめに Prologue

「あの雲は何という雲なんだろう？」

空に浮かぶ雲を見て、そう思ったことはありませんか？

雲の名前というと「ひつじ雲」「うろこ雲」「入道雲」などの名前を思い浮かべる人が多いと思います。しかし、それらはいわゆる日常的に使われる名称（俗称）であり、実は「科学的な分類」に従ったよびかたではありません。では、雲の科学的な分類とはどのようなものでしょうか？

雲は、世界気象機関（WMO）による分類によって、まず10種に分けられます。この分類を「10種雲形」といい、私たちが目にするさまざまな雲はすべてこのわずか10種のどれかに含まれるのです※。さらに、これらの雲形はそれぞれの特徴によって細分化され、全部で100種類ほどに分類されます。多少雲の観察経験のある人にとっても、これらのバリエーションをすべて把握することは非常にむずかしいでしょう。本書は、空に見えている雲の名前を調べることができるように、この100種類近くにも及ぶ雲の姿を写真で示す、はじめての『雲のカタログ』です。

本書の第1章を読めば雲の分類のしかたや名前を知ることができます。同時にそれがどんなときに現れ、どのくらいの高さにあり、立体的にどんな構造をしているのかも理解できるようになり、きっと空を見る目が変わるでしょう。

たとえば、春や秋の空高く、長い尾を引く「巻雲」は、雲の中で成長した氷晶（氷の粒）が落下すると同時に強い風で流されることによって特徴的な形になります。つまり、雲の尾の部分は本体よりも低い位置にあるのです。さらに巻雲の形から上空で風がどのように吹いているかも想像できるようになります。雲の名前を知ることから、空への興味や理解をどんどんと深めていくことができるのです。

さらに本書では第2章で空好き・雲好きなら誰もが見てみたい「大気光学現象」についても、主な現象を取り上げました。また、巻末では、雲の観察を楽しみたい人のために、すぐに役立つ基本的な知識やワザの紹介もしています。

どの章もページをめくって「見て」楽しめるように写真をメインにし、観察の資料となるよう簡単な解説をつけました。さらに各雲・現象には私たちの経験をもとに「レア度」のランクをつけてあります。

本書を道しるべとして、頭上に広がる空には多くの不思議が隠されていることを知ってもらえれば、大変うれしく思います。ぜひ、実際に空を見上げて多様な雲の表情と美しさに触れてください。

※人工の雲＝飛行機雲は10種雲形には入りません。

雲の名前を覚えるといいことある?

　すべての自然科学は、対象を分類し名前をつけるところからはじまるといえます。それは本書が扱う空や雲の場合でも例外ではありません。

　分類や名前のもつ意味がわかれば、その雲がどうしてできたか、高い空で何が起こっているのか、これから空がどう変化するかを理解し、雲を科学的に楽しむことができるようになります。本書は、約100種類ある雲の分類がわかる本です。ここではまず、雲の分類を知ることによって空の見かたがどんなふうに変わるか、その例をお教えしましょう。

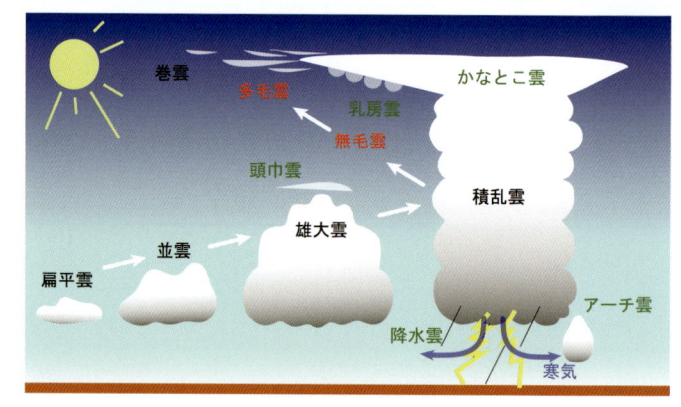

姿を変える積雲とその周辺に現れる雲たちのモデル。
図中の雲の名称は、本書の中で詳しく紹介していきます。

空で何が起きているか、わかるようになる!

　雲の変化や発達のしかたには、典型的なパターンを持つものがあります。それは、空で起こる現象の変化にはある決まりがあるからです。そこに現れる雲の名前とそのパターンを知った上で空を眺めると、今、空で何が起こっているのか、これからどんな変化が起こるのかが予想できるので、空を見るのがより楽しみになるでしょう。

　「積雲」が「積乱雲」へと発達していく過程を例に説明しましょう(右上図)。積雲の発達は数ある雲の変化のパターンの中でも、非常にダイナミックで見応えがあるものです。

　積雲は局所的に発生した上昇気流でできます。夏の朝、高さのない積雲＝「扁平雲」が空に浮かんでいる光景を想像してみてください。太陽が高くなるにつれ地面が暖まり、上昇気流が強くなることで、扁平雲は高さを増して「並雲」へ、さらに大きく「雄大雲」へとどんどん発達していくことでしょう。発達する積雲の雲頂上には空気が急速に持ち上げられることによって、本体となる積雲の上にできる平べったい雲「頭巾(ずきん)雲」がちょこんと乗っていることもあるかもしれません。雄大雲は午後になるとさらに発達、その雲頂は10kmを超えます。すると雲の下部は黒く変化し、激しい雨が降る「降水雲」となり、雷も鳴るようになります。「積乱雲」の誕生です。積乱雲誕生初期は「無毛雲」だった雲頂部の輪郭は、繊維状にほつれ「多毛雲」となり、積乱雲の雲頂はやがて「かなとこ雲」として水平に大きく広がっていきます。その笠の下には丸い「乳房雲」

が見えるでしょう。そのころ、積乱雲の雲底からは下降気流による寒気が吹き出し、それによって壁のような「アーチ雲」ができて私たちに迫ってくるのです。積乱雲の衰退のはじまりです。積乱雲は収縮しはじめ、多毛雲となっているかなとこ部分は切り離されて「巻雲」に、積乱雲は積雲へと戻って積乱雲の一生は終わります。

このような空の大スペクタクルを楽しむためにも、雲の分類の知識は欠かせないものなのです。

天気図の「前線」が目で見えるようになる!

天気図の中に「前線」が描かれているのを皆さんも見たことがあることでしょう。しかし、実際には空に線があるわけではないので、普通はその存在を目にすることはありません。ところが、雲の種類の移り変わりを観察することで、そこにある前線の存在を知ることができるようになります。

たとえば温暖前線が西から近づいてくるときは、まず空に「巻雲」が見えてきます(右上図)。このとき巻雲の流れは西から東に向いているでしょう。これは暖かい空気と冷たい空気が接する面=「前線面」を押す風が、普通西から東へ吹いているからです。やがて雲の種類は「巻積雲・巻層雲」へ、さらに厚みを増して「高積雲・高層雲」へ変化していきます。前線面が徐々に低くなって私たちに近づいてくるに従い、低い層の雲が多くなって天気が悪くなっていくのです。つまり、徐々に低くなっていく雲と共に前線がやってきて雨が降りはじめるというわけです。やがて雨がやむころには、私たちは前線をくぐり抜けて暖気の中に入るので気温は上昇します。このような前線と雲の変化の関係を

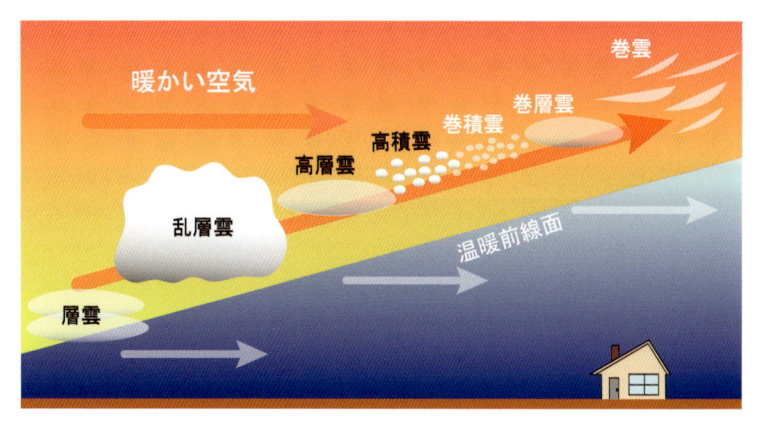

温暖前線の接近と雲の変化。前線の接近と共に、巻雲から巻層雲へ、そしてどんどん低く厚い雲に変化していきます。

知っていれば、天気図がなくても前線の存在を知って雨が降ることを予測できるようになるでしょう。

雲の変化やその周辺に現れる雲たちを知ることで、多様な雲の出現を待ちかまえたり、さらにそれらが変化することを予測したりして、誰よりも多く楽しむことができます。珍しい空の現象を目撃する機会もきっと増え、これまで知らなかった、気がつかなかったこともたくさん発見できるでしょう。

雲のできかたと見分けかたの基本

　地球を覆う大気は厚さが数百kmもありますが、雲はそのうち最下層の「対流圏」という高さ15km程度までの限られた大気層で起きる現象です。

　雲の正体は、その対流圏の大気に含まれる水蒸気が凝結してできた水滴や氷の粒（氷晶という）です。その直径は普通0.1mm以下と非常に小さいのでとても軽く、空気の抵抗や風の影響を大きく受けると、地上に落ちてくることができません。そのためいつまでも大気中に浮かんでいるわけです。

雲ができるのはなぜ？

　雲は、空気が何らかの原因で上空へ持ち上げられたときにできます。それには空気の2つの特性が関係しています。

性質①　空気が何らかの原因で上昇すると、周囲の気圧が下がると同時にふくらんで約0.5℃～1℃／100mの割合で温度が下がる（断熱膨張という）。

性質②　空気は温度が下がるにつれて、中に水分を多く含むことができなくなる。

　つまり、空気が上昇すると温度が下がり、水分が凝結して雲ができるというわけです。低気圧など上昇気流が起こるところに雲が多く天気が悪いのはこのためなのです。

空気はどんなときに上昇するのか？

　空気が上昇するのには、下図の3つの大きな原因がありますが、その他にも、上空に寒冷な空気が流れ込むことで下層の暖かい空気が急激に上昇したり、地表近くの空気の流れ同士がぶつかって行き場がなくなって上昇する（収束という）など多くの要因が挙げられます。

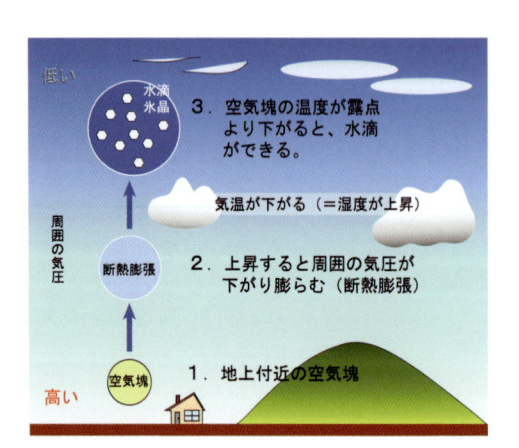

雲ができる理由

空気が上昇するおもな原因

雲には名前がついている

現在広く使われている雲の分類は1956年に世界気象機関(WMO)によって定められたものです。

雲はまず基本的な10の種類に区別され、これを「10種雲形」とよびます。私たちが目にするさまざまな雲はすべてこのわずか10個の分類のいずれかに含まれることになるわけです(下図)。10種雲形では、まず雲をできる高さによって下層雲・中層雲・上層雲の3つに分け、さらに塊(かたまり)状か層状か、あるいは降水を伴う雲かなどの条件で分類しています。

しかし、雲の名前はどれも似ていて大変紛らわしく、覚えるのは結構大変です。そこで雲を観察する前に、まず雲の名前のルールを覚えておくとよいでしょう(右下表)。

たとえば、上層にできる塊状の雲は「巻+積=巻積雲」となり、下層にあって広がりをもつ雲は「層雲」となることがわかります。ただし、積乱雲は下層から上層へ、乱層雲は中層から上層や下層へ広がる厚い雲であることに注意が必要です。

10種雲形には学名と略号(巻雲であれば学名「Cirrus」、略号「Ci」)が与えられており、世界的に共通に用いられています。このほかにも「ひつじ雲」や「さば雲」のような、私たちが普段使っている雲の別名もありますが、学術的には使われていません。

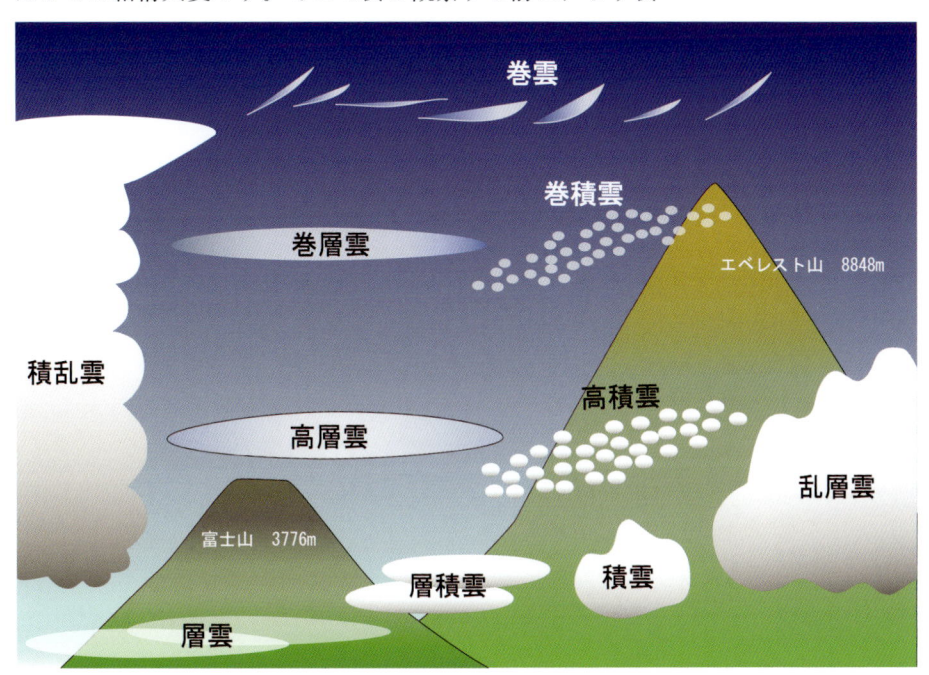

雲の名前と高さ

10種雲形の名前のつきかた基本ルール

第1のルール 高さ		上層雲(5000m～15000m) 名前の先頭に「巻」がつく
		中層雲(2000m～7000m) 名前の先頭に「高」がつく
		下層雲(数十m～2000m) 名前に「巻」も「高」もつかない
第2のルール 形		かたまり状の雲は名前に「積」がつく 水平に大きく広がった雲は名前に「層」がつく
第3のルール 雨		雨を伴う厚い雲には「乱」がつく

10種雲形とその略号、別名(ページは本書掲載ページ)

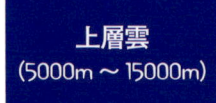

上層雲 (5000m～15000m)

1. 巻雲 けんうん (Cirrus : Ci)
   別名　すじぐも・しらすぐも　P.16

2. 巻積雲 けんせきうん (Cirrocumulus : Cc)
   別名　うろこぐも・さばぐも　P.27

3. 巻層雲 けんそううん (Cirrostratus : Cs)
   別名　うすぐも・かすみぐも　P.36

中層雲 (2000m～7000m)

4. 高積雲 こうせきうん (Altocumulus : Ac)
   別名　ひつじぐも・まだらぐも　P.41

5. 高層雲 こうそううん (Altostratus : As)
   別名　おぼろぐも　P.55

下層雲 (地表付近～2000m)

6. 積雲 せきうん (Cumulus : Cu)
   別名　わたぐも　P.67

7. 層積雲 そうせきうん (Stratocumulus : Sc)
   別名　くもりぐも・うねぐも・まだらぐも　P.79

8. 層雲 そううん (Stratus : St)
   別名　きりぐも　P.93

中層 (2000m～7000m) から上層、下層にも広がる

9. 乱層雲 らんそううん (Nimbostratus : Ns)
   別名　あまぐも　P.63
   ※乱層雲は「中層雲」に分類されています。

対流雲　雲底は下層、雲頂は上層 (500m～13000m)

10. 積乱雲 せきらんうん (Cumulonimbus : Cb)
    別名　かみなりぐも・にゅうどうぐも　P.98

10種雲形を判別する基準は？

　名前のつきかたがわかったら、実際に空を見て雲を判別してみましょう。とはいっても、最初はとてもむずかしく感じるでしょう。そこで、10種雲形の判別をする際のおおよその判断基準をまとめてみました（下「雲鑑定フローチャート」）。

　コツは、まず全体の形状を確認し、それから特徴を見極めていくことです。でも、実際に雲の種類を判別するにはある程度の「慣れ」あるいは「経験」が必要です。雲はいつでも典型的な形やようすを見せてくれるわけではないから

です。本書のような雲の写真がたくさん載った本を眺めて、楽しみながらその特徴をつかんでおくのがよいでしょう。

雲の高さを判断するには

　雲を判別するときには「高さ」の判断がまず重要になります。慣れるまではちょっとむずかしいのですが、雲のようすの中に高さを知るためのヒントが隠されています。

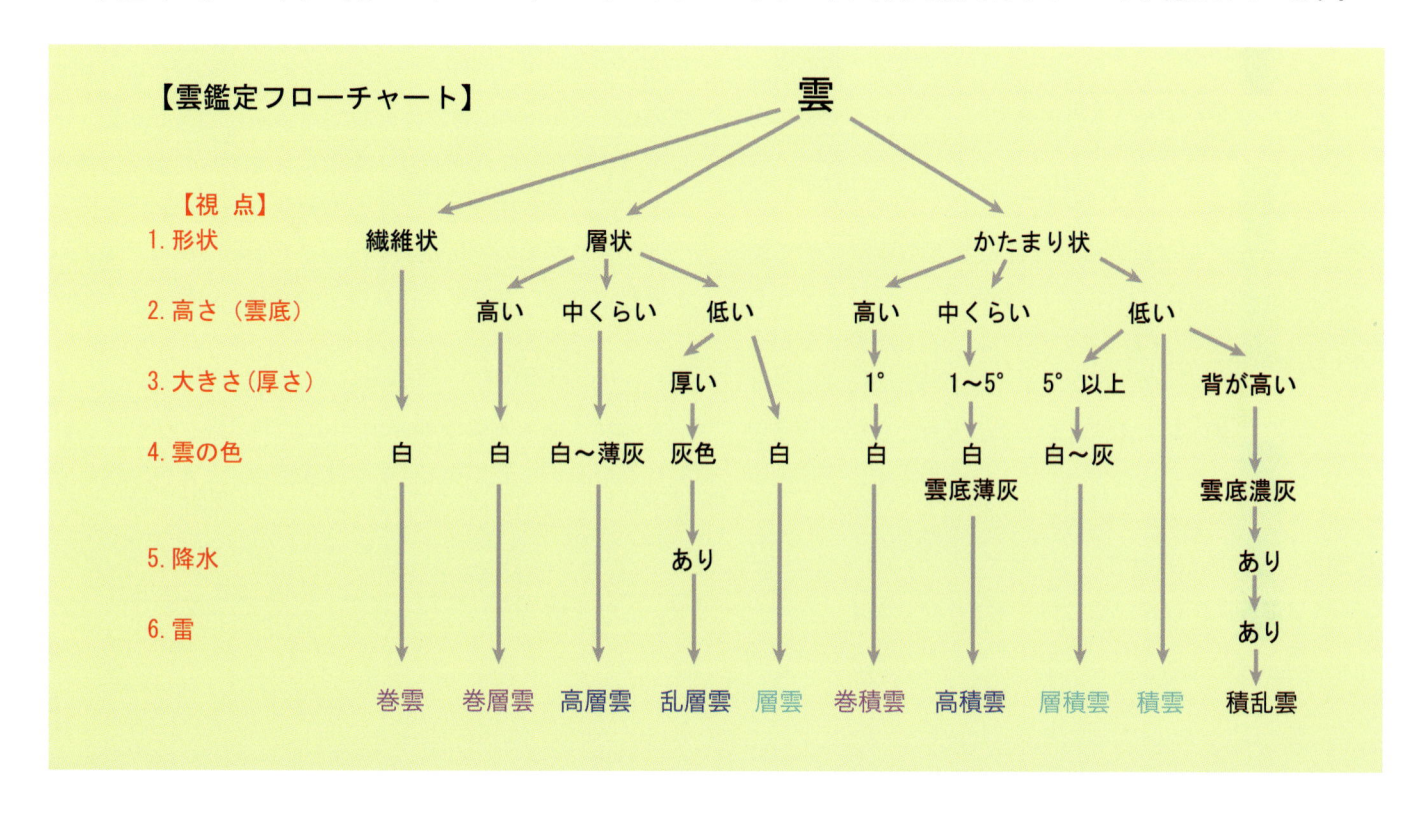

【雲鑑定フローチャート】

【視点】	繊維状	層状			かたまり状			
1. 形状	繊維状	層状			かたまり状			
2. 高さ（雲底）		高い / 中くらい / 低い			高い / 中くらい / 低い			
3. 大きさ（厚さ）				厚い	1°	1〜5°	5°以上	背が高い
4. 雲の色	白	白 / 白〜薄灰	灰色	白	白	白（雲底薄灰）	白〜灰	雲底濃灰
5. 降水				あり				あり
6. 雷								あり
	巻雲 / 巻層雲 / 高層雲	乱層雲	層雲	巻積雲 / 高積雲	層積雲	積雲	積乱雲	

① 雲の濃さと雲底の影のようす

　大気は上空に行くほど薄くなります。同時に雲の元となる水蒸気も少なくなるので、雲も上層ほど薄くなります。そこで、雲の濃さをヒントにすることができます。たとえば下層にできる積雲は密度が濃く、空の青さを一切通しませんが、上層の巻積雲はうっすらと青さが透けて見えます。

　同時に、下層の雲は太陽の光を通しにくいため、雲底が影になって灰色をしているのが普通です。ところが上層の雲は薄く光を通してしまうので、雲底もまっ白に見えます。たとえば、上層の巻積雲と中層の高積雲は判別がむずかしいのですが、巻積雲は雲底が明るくまっ白、高積雲は雲底に灰色の影ができるという特徴で両者を区別できるのです。

② 地平線近くからの雲の覆いかた

　地平線や水平線まで見渡せる場所では、雲と地表の境界のようすを観察すると雲の高低を判断できます。低い雲は地平線から覆い被さるように観察者のほうへ伸びてくるのがわかります。

③ 雲の動く速さ

　低い雲、たとえば地表から数百m程度の距離にある積雲や層積雲は、地表にいる私たち観察者に近いことから見かけ上とても速く動きます。逆に高さが10000mを超えることもある上層の雲、たとえば巻雲や巻積雲は遠いので動きがゆっくりに見えます。おおよそどれくらいの速さで雲が動いていくかを観察することで、その雲が上層にあるのか、下層にあるのかを判断することができます。

④ 朝夕の光のあたりかた

　朝夕は雲の高さの違いがわかりやすくなります。太陽が沈んで空が暗くなるとき、最初に光があたらなくなって灰色に変化するのは下層の雲。上層の雲は空が暗くなっても太陽光があたって輝くからです。暗くなっていく順に下層→上層の雲だとわかるわけです。朝はこの逆で、最初に白く明るくなるのが上層の雲。雲が何層にも重なっているときは、この変化のようすでおおよその高さを推定することができます。

雲の高さと雲の形の関係

　10種雲形では雲を高さの違う3層に分けていますが、雲の高さは雲の形状にも大きく影響します。

　上層雲(5000m〜15000m)ができる高さではジェット気流を中心とする強い風が常に吹いています。そのため、雲の形状や動きは上層の空気の流れに大きく左右されます。巻雲が大きく尾を引くのはこのためです。ところが、**下層雲**(地表近く〜2000m)では夏の積雲や山際にできる層雲、あるいは笠雲などに代表されるように、地表面の温度、地形、海と陸地の分布状況など、私たちの住む地表の影響を強く受けてさまざまに変化します。つまり下層の雲ほど地表の影響を、上層の雲ほど上空の空気の流れの影響を強く受けているといえます。

　雲の高さをある程度判断できるようになったら、「あの雲はなぜあんな形になっているのだろう」とその原因を分析してみるとおもしろいでしょう。

種・変種・副変種

　10種雲形は形状やならびかたなど3つの視点で「種」や「変種」、「副変種」としてさらに細分化されています※。

　「巻雲」を例に説明すると、同じ巻雲でも先が鈎状に曲がっていれば「鈎状雲」、繊維状にまっすぐ伸びていれば「毛状雲」、また丸いかたまりになっていれば「房状雲」など5つの種が設けられています。また、地平線の1点から広がるように見える雲を「放射状雲」という変種に、また雲底の一部が丸く垂れ下がっているような雲を「乳房雲」としてよび分けます。これら細分化された分類を「雲の大分類」(下表)とよんでいます。

　大分類は細かくてむずかしそうに見えますが、実は「レンズ雲」「放射状雲」など見た目そのままの名前がつけられているので覚えやすく、実際の雲を見ても簡単にそれとわかるのでおもしろい分けかたです。本書ではこれら大分類すべての雲を写真で紹介していきます。

※どの「種」「変種」「副変種」にもあてはまらない雲形もあります。

	下層雲			中層雲			上層雲			積乱雲
	層積雲	層雲	積雲	高積雲	高層雲	乱層雲	巻雲	巻積雲	巻層雲	
種 雲を見た目の形で分類	層状雲 レンズ雲 塔状雲	霧状雲 断片雲	扁平雲 並雲 雄大雲 断片雲	層状雲 レンズ雲 塔状雲 房状雲			毛状雲 鈎状雲 濃密雲 塔状雲 房状雲	層状雲 レンズ雲 塔状雲 房状雲	毛状雲 霧状雲	無毛雲 多毛雲
変種 雲のならびかたや厚さで分類	半透明雲 隙間雲 不透明雲 二重雲 波状雲 放射状雲 蜂の巣状雲	不透明雲 半透明雲 波状雲	放射状雲	半透明雲 隙間雲 不透明雲 二重雲 波状雲 放射状雲 蜂の巣状雲	半透明雲 不透明雲 二重雲 波状雲 放射状雲		もつれ雲 放射状雲 肋骨雲 二重雲	波状雲 蜂の巣状雲	二重雲 波状雲	
副変種 雲の部分的な特徴や付随してできる雲の名称	尾流雲 乳房雲 降水雲	降水雲	頭巾雲 ベール雲 尾流雲 アーチ雲 ちぎれ雲 漏斗雲 降水雲	尾流雲 乳房雲	尾流雲 乳房雲 ちぎれ雲 降水雲	尾流雲 ちぎれ雲 降水雲	乳房雲	尾流雲 乳房雲		頭巾雲 ベール雲 尾流雲 アーチ雲 ちぎれ雲 漏斗雲 降水雲 乳房雲 かなとこ雲

代表的な種・変種・副変種の例

1. 種　雲の見た目の形状による名前

主な種の例

積雲の「並雲」　　層雲の「断片雲」　　巻積雲の「房状雲」　　高積雲の「レンズ雲」

2. 変種　雲片のならびかたや厚さなどの特徴による名前

主な変種の例

巻積雲の「蜂の巣状雲」　　高積雲の「半透明雲」　　巻雲の「二重雲」　　高積雲の「波状雲」

3. 副変種　雲の一部分の特徴や雲に伴って発生した雲につけられる名前

主な副変種の例

積乱雲の「乳房雲」　　積乱雲の「アーチ雲」　　層積雲の「降水雲」　　積乱雲の「頭巾雲」

　これら種・変種・副変種は同時にいくつも見られることもあります（ただし、1つの雲が同時に2つの種に属することはない）。たとえば発達した「積乱雲」では、雲頂は「かなとこ雲」状に発達し、その下に「乳房雲」が見られ、その後「多毛雲」となり、そして雲底では「降水雲」や「アーチ雲」が見られるという具合です。

黄金色に輝く高積雲の夕焼け

雲のカタログ
The Clouds Catalog

雲のカタログでは上層雲→中層雲→下層雲の順に10種雲形別に解説・掲載し、雲形ごとに見られる種・変種・副変種の写真をその特徴とともに示してあります。
レア度は種・変種・副変種ごとに、★の数によって5段階で示してあります。「★」は1年におよそ数十回、「★★★★★」は1年に数回程度の頻度で見られることを示しています。レア度は観察する地域によって異なりますが、ここでは筆者が住む本州地方を基準にランクづけしました。

空高く、上層に流れる空の女王
巻雲 けんうん(Cirrus:Ci)

別名	すじぐも・しらすぐも
高さ	上層雲(5000m～15000m)
バリエーション	
種	鈎状雲・毛状雲・濃密雲・塔状雲・房状雲
変種	放射状雲・もつれ雲・肋骨雲・二重雲
副変種	乳房雲

　雲の中でもっとも上層にあり、低温のため水滴ではなく氷の粒(氷晶)でできている。雲から氷晶が落下すると同時に上空の強い風に流されることで離ればなれの繊維状の長い流線ができる。

　一般には「ハケではいたような」と表現されることが多く、特に秋・春は日本付近の上空を通過するジェット気流によって美しい巻雲が見られる。

　氷晶でできていることから、いろいろな美しい「大気光象」が見られることも多い。

典型的な巻雲。巻雲のつくる流線の向きで、上空の空気の流れを知ることができる。

魚眼レンズで撮影した巻雲。巻雲の流線は非常に長いことが多く、魚眼レンズで撮影しても全体が写らないこともある。

(種) ……………………………… レア度 ★★

鈎状雲（かぎじょううん）

　巻雲の代表選手。一般に「巻雲」というと、このように先端が釣り針のように曲がった雲をイメージする人が多い。

　書店にならぶ雲の本などにも巻雲の写真として、この「鈎状雲」が掲載されているものが多いが、巻雲は種が5つありバリエーションが豊かで、この「鈎状の姿」を思い浮かべて巻雲を見つけようとすると判別が困難になるときもある。右の写真のようにきれいな尾を引いた典型的な鈎状の巻雲を見ることはそれほど多くはない。

長く尾を引く鈎状雲。上層の強い風がつくる造形。

羽毛のように広がった鈎状の巻雲が朝日に照らされて真珠のような光沢をもつ。

鋭く曲がる短い鈎をもった巻雲。

(種) ……………………………… レア度 ★★★

毛状雲（もうじょううん）

　巻雲を形づくる繊維状の雲が、先端から終端まで曲がらずにまっすぐに長く伸びているもの。先端が房状に丸まったり、鈎状に曲がったりしていない巻雲をいう。大変すっきりした「雲らしくない」姿をしている。

　この雲が広がって、繊維状の構造が明瞭でなくなると「巻層雲」の毛状雲（P.37）との区別がつかなくなる。

　繊維構造が明瞭で、空いっぱいに広がる毛状雲にはあまりお目にかかれないのでレア度3。

まっすぐに長く伸びた毛状雲。巻雲を表現する「ハケではいたような」という言葉はこの雲のためにあるような表現。

長さの短い毛状雲。

大きく広がる夕方の毛状雲。画面中央下、太陽の右には巻雲でできた幻日（P.134）が見えている。

(種) ……………………………………………… レア度 ★

濃密雲（のうみつうん）

　濃密で完全に不透明な巻雲。普通、巻雲は空の青色が透けて見えるくらい薄い繊維状であるが、ときには明灰色で太陽の輪郭がぼやけて見えるほど密度の濃いものも見られる。

　しかし、濃密とはいっても巻雲独特の繊維状の流線があること、輪郭が巻雲の特徴である繊維状にほどけていることから他の雲と見分けることができる。積乱雲のかなとこ雲（P.101）から切り離されてできることもある。

大きく尾を引いた巨大な濃密雲。濃密とはいってもちゃんと巻雲特有の形状をしている。

不定形な濃密雲は巻雲独特の繊維状のほつれがあることでようやく巻雲と判断できる。

(種) ……………………………………… レア度 ★★

塔状雲(とうじょううん)

　巻雲の雲頂部が上方に伸びている雲。巻雲は上層にできることから、地上にいる私たちにはその盛り上がりが見かけ上のものなのか、雲頂部が実際に上方へ伸びているのかの判断はむずかしい。

　部分的で形状も目立つことがなく、どうしても注目度は低くなってしまう。

濃密雲の雲頂部が盛り上がっていることで塔状の名前がつくが、巻雲の場合、塔状の名称がぴんと来ないことが多い。

COLUMN
雲観察の邪魔者とは

　雲の観察者には地平線まで開けた場所でゆっくり雲を楽しみたいという願望があります。しかし、実際の普段の生活の中ではそんな恵まれた条件はほとんどなく、限られた時間を見つけての雲観察になるわけですが、そんな私たちのささやかな楽しみを邪魔するものがあります。

　それは街中に張り巡らされた電線と電柱群。私たちの生活を支えてくれている大切なものだとはわかっているのですが、雲の観察者にとってこれほど始末に負えないものはありません。

　街中で車を運転しているときに信号待ちでふと空を見ると、素晴らしい雲や大気光象を見つけるときがあります。写真を撮るために車を止めようとするのですが、どこへ行っても見上げれば電線だらけ。電線のないところを探しているうちに、素晴らしい現象が消えてしまうということをこれまで何度経験したことか。

　日本は道路が狭く、建物は密集しています。おまけに、わずかなその隙間をふさぐように網の目のような電線。今日も私たち雲の観察者は、楽しみを奪おうとする電線たちと人知れず戦っているのです。

雲観察者にとっては悪夢の光景。

(種) ……………………………… レア度 ★★

房状雲（ふさじょううん）

　雲片が丸くかたまって房状になり、雲の一部（多くは雲底部）が尾を引いて伸びている雲。それぞれの房の輪郭はほつれて、巻雲特有の繊維状になっているのが普通。

下2枚：房状雲の群れ。丸くまとまった房状雲でも巻雲の特徴がはっきりとわかる。

長い尾を引いた房状雲。房の部分から落下した氷晶が強い風に流されて一直線に伸びる尾をつくる。

1 巻雲 Cirrus:Ci

(変種) ･････････････････ レア度 ★★★

放射状雲（ほうしゃじょううん）

　空のある方向の1点から頭上に向けて巻雲が広がっているように見えるもの。

　巻雲の流れは、実際はお互いにほぼ平行にならんでいることが多いが、これを地上から見ると「遠近法」によって天頂に近づくにつれて大きく広がっているように見える。

　5つの雲形に見られる放射状雲の中でも巻雲の放射状雲はもっとも見応えがあり、空いっぱいに尾を引いた雄大な姿は迫力がある。

　ただし、見通しのよい開けた場所でないと、なかなかお目にかかれないのでレア度3。

全天に広がる放射状雲。巻雲の放射状雲は大きく広がるので撮影には超広角レンズが必須となる。

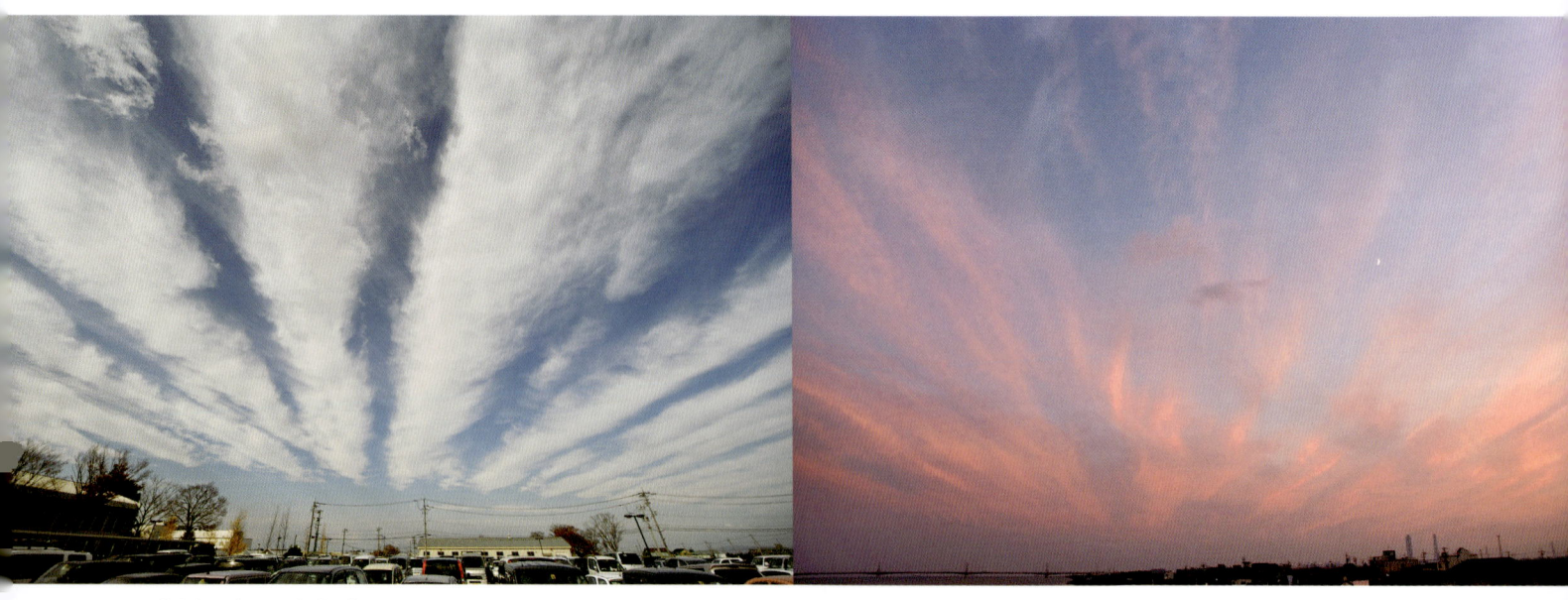

日本上空のジェット気流の「トランスバースライン」による放射状雲。気象衛星画像にもはっきりと写っていた。

夕焼けの放射状雲。上層にある巻雲はピンク色に染まる。

（変種） ･･････････････････････････････････ レア度 ★

もつれ雲（もつれぐも）

　巻雲の繊維状の流線が無秩序に、さまざまな方向を向いて入り乱れているもの。普通の巻雲のイメージとは雰囲気がまったく異なり、その形状を人に言葉で説明するのはむずかしい。

　それぞれの雲のかたまりから無数に触手が伸びて、お互いが絡まってしまいそうに見えることもある。

　実は巻雲の中ではもっとも普通に見られる雲でもある。

空に広がる巻雲のもつれ雲。
無秩序の美とでもいえそうな美しさがある。

離れた雲片をもつもつれ雲。雲が踊っているように見える。このような雲を見るとそこで何が起きているのだろうかと思わずにはいられない。

空いっぱいに広がったもつれ雲。上層の風が弱いことがうかがえる（Fisheyeレンズで撮影）。

1 巻雲 Cirrus:Ci

（変種）　　　　　　　　　　　レア度 ★★★

肋骨雲（ろっこつうん）

　その名の通り、魚の骨格のような形をした雲。背骨となる中心の雲から肋骨がたくさん伸びているように見える。

　落下する氷晶が上層の風の流れで一様にならんで見え、肋骨状の形状を形づくる。

　巻雲にだけ見られる特徴的な形状の雲。

右：飛行機雲を成因とする巻雲の肋骨雲。中心となる直線状の雲から細かな枝が平行に伸びる、巻雲独特の雲。

片側だけの肋骨雲。
空気の流れが目に見えるようだ。

飛行機から見た肋骨雲。繊維状の構造がはっきりとわかる。
普段は遠い巻雲も飛行機の窓からならすぐそこに見える。
間近で見る巻雲は繊細で非常に美しい。

(変種) ……………… レア度 ★★★

二重雲（にじゅううん）

　高さの異なった2層の巻雲が地上から重なりあって見える雲。

　巻雲は高度が高く、輪郭がはっきりしないことも多いので二重雲だと判断するのは大変むずかしい。

　夕方、太陽高度が低くなったときに上層の雲だけが明るく照らされるような場合や、2層の雲の流線の方向が違う場合、2つの別の種でできている二重雲のときはそれと判断することができる。また、しばらく観察していると、お互いの移動方向が異なっていることで判断できるときもある。

　判断がむずかしい場合が多いためレア度はちょっと高めの★3つ。

見分けにくい巻雲の二重雲だが、このような異なる方向の流線をもつときは容易に判断できる。

夕暮れ時の二重雲。下層の雲には太陽光があたらず暗いが、上層の雲は明るく輝くことで高さの違いが判断できる。

上の層には毛状雲、下の層に房状雲と種の異なる2つの巻雲でできた二重雲。はっきりと2層になっているのがわかる。このようなはっきりとした二重雲に巡り合うことはまれ。

(副変種) ······················· レア度 ★★★★

乳房雲(にゅうぼううん)

　巻雲の一部(主に雲片の尾のことが多い)が丸まって垂れ下がっているように見えるもの。
　巻雲は繊維状の構造をもつことが多く、顕著な乳房雲を目にすることはそれほど多くはない。巻雲の一部分だけが乳房雲になり、雲全体に大きく広がることがないため気づきにくく、不安定で長続きすることが少ないことからも、なかなかお目にかかることができない。巻雲の中ではもっともレア度が高い雲。

巻雲の一部分だけ雲底が丸く垂れ下がって乳房雲になっている。

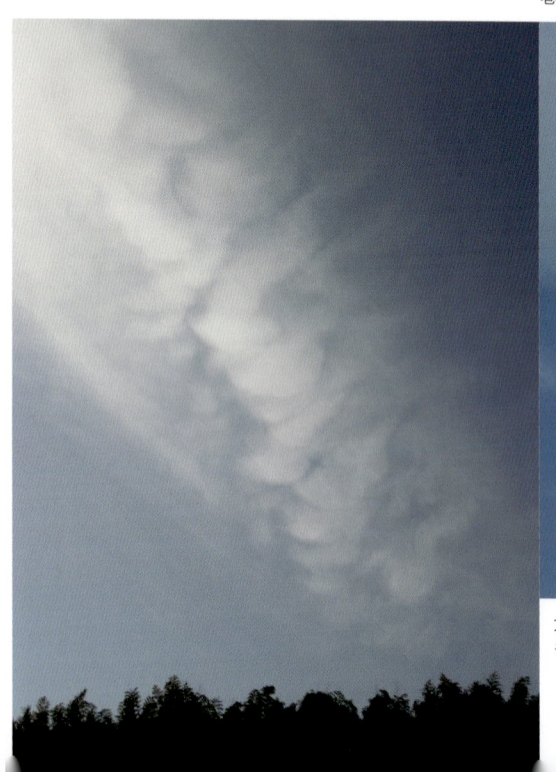

大きなふくらみをもつ乳房雲。

積乱雲のかなとこ雲から分離した巻雲の乳房雲。継続して観察していないとかなとこ雲からできた雲だとはわからない。

はかなく、美しい秋の象徴

巻積雲 けんせきうん(Cirrocumulus:Cc)

別名	うろこぐも・さばぐも
高さ	上層雲(5000m～10000m)
バリエーション	
種	層状雲・塔状雲・房状雲・レンズ雲
変種	波状雲・蜂の巣状雲
副変種	乳房雲・尾流雲

　空に白い小石を敷き詰めたように、小さなかたまり状の雲片がたくさん集まった雲。そのようすが魚の鱗のように見えるため「うろこ雲」、また鯖の体の模様から「さば雲」などともよばれる。青空に映えるため秋を代表する雲といわれるが、秋に特に多いというわけではない。

　不安定な雲であるため形が変化しやすく、雲片のそろった典型的な美しい巻積雲にお目にかかることはそう多くはない。この雲が厚くなって高積雲や高層雲へ変化するようなときは天気が崩れることが多い。また、光環や彩雲などの現象を伴うこともある。

　巻積雲は高積雲(P.41)と見分けることがむずかしいが、巻積雲は雲片が薄くまっ白であり、雲底に灰色の影ができないことで区別できる。

空に群れる雲片。そのようすはまさに「いわし雲」。巻積雲は雲片がこのように集まってかたまっていることが多く、全天を覆うことは多くない。

雲の小片がびっしりとならぶ、典型的な巻積雲。すぐ形が失われていくため、美しい姿は長く続かない。

（種） ・・ レア度 ★★

層状雲（そうじょううん）

　巻積雲は小さな雲片がたくさん集まって空を部分的に覆う場合が多いが、まれに雲片が空全体を広く埋めることもある。
　このような状態を層状雲というが、雲片が非常に細かい場合は巻積雲だと気づきにくいこともある。空一面に薄いムラのある雲がある場合は注意して観察したい。

小さな雲片が空を広く埋める。このような雲がなぜできるのか、見るたびに不思議に感じてしまう。

左上：雲片の細かい巻積雲はよく見ないと巻積雲と気づかないこともある。

左下：空全体が白っぽく濁り、巻層雲と巻積雲が混ざっているように見える。

(種) — レア度 ★★

塔状雲 (とうじょううん)

　巻積雲の雲片は小さく、その形状は平べったいことが多い。しかし、まれにそれぞれの雲片が鉛直方向にも発達すると、泡立ったように立体的に見えるようになる。

　ただし、ひとつひとつの雲片が小さいので塔状雲だと判断するためにはかなり注意をもって観察する必要がある。特に、雲片同士の隙間が詰まった巻積雲ではその判断がむずかしい。夕方、太陽が沈む間際の雲底が暗くなるような時間帯には明瞭に見えることもある。

2 巻積雲 Cirrocumulus : Cc

それぞれの雲片が鉛直方向へ高く伸びて立体的な構造が見えるが、ひとつひとつの雲片が小さいためそれとは気づきにくい。

夕方の塔状雲。太陽光のあたりかたによって垂直方向の構造がわかりやすくなる。

（種） ……………………… レア度 ★★

房状雲（ふさじょううん）

　丸みを帯びた雲片の輪郭がほつれたり薄くなったりとはっきりしない雲。

　巻積雲は普通、各雲片の見かけの大きさが角度で1°未満と非常に小さいため、その輪郭がほつれているかどうかは判断しにくい。

右：雲片の上部がほつれている房状雲。ひとつひとつの雲片がバドミントンのシャトルコックのような逆三角形をしている。

雲片が丸みを帯びているのが房状雲の特徴であるが、巻積雲は雲片が小さい上に輪郭が明瞭でないものが多いため、房状かどうかの判断はむずかしいことも多い。

(種) ……………………………… レア度 ★★

レンズ雲(れんずぐも)

　巻積雲の雲片が密集して集まってかたまりとなり、全体としてレンズ状の形状になっているもの。

　一般に層状の巻積雲の一部が上層の強い風に流され、切り離されてできる。高積雲のレンズ雲(P.45)と違い、よく見るとたくさんの雲片が集まってレンズ状の雲をつくっているのがわかる。

上：長く伸びたレンズ雲。レンズ雲は風が強いときにできるため、上空の風のようすを知ることができる。しかし形が崩れるのも早く、雲を見つけてから撮影場所を探し、撮影するまで時間との勝負になってしまう。

巻積雲の層状雲から切り離されたレンズ雲がならんだ。ひとつひとつのレンズは、たくさんの小さな雲片が集まってできていることがわかる。

2 巻積雲 Cirrocumulus:Cc

(変種) ...... レア度 ★★★

波状雲（はじょううん）

波立っているように見えるのが波状雲の特徴であるが、巻積雲の場合は薄く雲片が小さいため、さざ波のような小さな波が無数に集まった波状雲になることが多い。

右：通常の巻積雲（右側）から、徐々に波状雲が明瞭になっている。雲の形状変化は連続したものであることを示すよい見本。観察を続けると、ゆっくりと吹き寄せられながら移動しているのがわかる。

おもしろい形の波状雲。巻積雲の層状雲の下に、幅の狭い波状雲が2列にならんだ。

細かい波が2方向からの波状雲をつくっている。巻積雲の波状雲ではこのように向きの異なった波状の重なりがよく見られる。

(変種) .... レア度 ★★★

蜂の巣状雲（はちのすじょううん）

　文字通り、蜂の巣のようにたくさん穴のあいた状態の雲。
　巻積雲の蜂の巣状雲は、非常に繊細な網の目状になるのが特徴。不安定で、あっという間に形が崩れ、短時間で消えてしまうことが多い。そのため、見つけてから写真を撮ろうとカメラを準備している間に消滅してしまっていることもある。この雲を撮影したい観察者はカメラを常に持ち歩くことが大切。

薄い網の目をつくる蜂の巣状雲。巻積雲ができる高さは水蒸気も少なく、雲は薄い。

細い糸が絡みあったような複雑な構造をもつ蜂の巣状雲。繊細な構造のためその形は崩れやすく、この雲も数分で消えてしまった。

（副変種） レア度 ★★★★

乳房雲（にゅうぼううん）

　巻積雲の雲片が、下方向に垂れ下がって薄く小さなコブをつくっている状態。

　雲片が小さい巻積雲では、何となく雲全体の雲底がザラついているように見え、双眼鏡などを使うと、雲底に無数のふくらみを観察することができる。また、ときに雲片がまとまって大きな乳房をつくって垂れ下がることもあり、そのようなときは見事な乳房雲を見ることができる。

上：積雲、巻層雲の波状雲と共に見える巻積雲の乳房雲。実際に雲を観察していると、このように数種の雲が同時に見えることのほうが多い。

比較的大きなふくらみをもった乳房雲。雲の濃さが薄いことからも上層の雲であることが判断できる。

(副変種) ・・・・・・・・・・・・・・・・・・・・・・・・・・・・レア度 ★★★

尾流雲(びりゅううん)

　雲片から落下する降水(氷の粒)が風に流され尾を引いた状態。巻積雲は高度が高く、降水の密度も小さいため雲から落下する氷が地表に達することはなく、大気中で蒸発、消散してしまい尾流雲となる。

　高積雲のようなまっ白な長い尾を引くことはまれで、筋状の薄く短い尾が普通。

右:それぞれの小雲片からたくさんの短い尾をなびかせる。

巻積雲の一部が尾流雲となって融け落ち、穴があいた。巻積雲は上層高く薄いため、尾流雲が地表に届くことはない。

巻積雲は遠く小さいので、特徴の観察には注意力が必要。

いろいろな大気光象を生む魔法使い

巻層雲 けんそううん(Cirrostratus:Cs)

別名 うすぐも・かすみぐも
高さ 上層雲(5000m～10000m)
バリエーション
種 毛状雲・霧状雲
変種 二重雲・波状雲
副変種 なし

　春先によく見られる氷晶でできた雲。空を薄く覆うように広がり、この雲で空全体が薄く白みを帯びて見える。薄い巻層雲はその存在に気づきにくいこともある。

　バリエーションが少なく、これといった特徴がない雲だが、この雲によって「暈」などのいろいろな美しい大気光象（P.117～P.139）が見られることがあり、雲の観察者にとってはもっとも興味を引く刺激的な存在でもある。

　巻層雲は中層の高層雲と見分けにくい。高層雲には暈ができないこと、また、巻層雲では地上に影ができるが高層雲でははっきりとした影ができないことで両者を区別できる。

上：桜の季節の巻層雲。春先には毎日のように巻層雲が空を覆い、白っぽい空をつくりだす。

厚めの巻層雲による美しい夕焼け。

(種) ………………………………………… レア度 ★

毛状雲（もうじょううん）

　繊維状の構造をもった巻層雲。同様に繊維状の構造をもった巻雲の毛状雲との判断がむずかしいこともあるが、巻層雲の毛状雲では全天に広く一様に広がっている巻層雲のうち一部分が繊維状になっていることが多く、繊維状の構造も巻雲ほど明瞭ではないことで判断できる。

右：繊維状の構造が明瞭な巻層雲。広く一様に広がることで巻雲と見分けがつく。

巻層雲にうっすらと繊維状の構造が浮かび上がる。

毛状雲によってできた22°ハロ。

(種) .... レア度 ★

霧状雲（きりじょううん）

　何となく空全体が霞に包まれたようにぼんやり見える巻層雲。空の色は青みがほとんどなく明るい白色になる。
　春先によく見られ、雲自体にはこれといって特徴がないが、ハロを伴うことが多い。

霧状雲が厚くなってくると高層雲との見分けがむずかしくなるが、暈が見えていれば簡単に判断がつく。暈は雨の前兆だといわれるが、春秋の暈以外は必ずしもそうとはいえない。

霧状雲は空を彩度の低い世界に変えてしまう。空が全体に白っぽくぼんやりしている。春に多い「かすみ雲」とはこの雲のこと。

(変種) .... レア度 ★★★

二重雲（にじゅううん）

　高度の異なる2つのレイヤーの雲が重なったもの。霧状雲では雲の層が重なっていることを確認するのは困難だ。二重雲とわかるのは写真のように毛状雲の走向など構造の違いがわかる雲の場合、あるいはしばらく観察して雲の移動方向の違いを確認できた場合だけになる。

　明瞭に二重になっていることがわかる二重雲はレア度3。

巻層雲の二重雲に気がつくことはまれ。このような繊維状の構造がわかる場合に限られる。

COLUMN
22°ハロ（内暈）と巻層雲の関係

　Webを検索するとたくさんの雲に関するHPを見つけることができ、書店でもたくさんの雲の本が書棚にならんでいるのを目にします。これらの巻層雲のページを見てみると、ほとんどに「巻層雲では暈ができる」あるいは「暈ができることで巻層雲と判断することができる」と記述されています。

　でも、上記の記述は誤りまたはちょっと説明不足。つまり、巻層雲でも暈（22°ハロ）ができないことは多いのです。ハロを基準に雲の種類を判別しようとすると巻層雲は判別できない場合があります。

　正確に説明すると下のようにいい換えることができます。

1.「巻層雲では暈が**できることがある**」

2.「暈は巻層雲を判別する上で**有力な手がかりになる**」

　巻層雲をつくる小さな氷の粒（氷晶）が気泡を含んでいたり、小さすぎて回折を起こしたりすることが多く、そのようなときには巻層雲でも暈はできません。（氷晶で大気光象が起きる理由はP.118を参照）。

　つまり、「巻層雲＝暈ができる」というのは正確には正しくなく、「巻層雲で暈ができることがある」または「暈ができているときの雲は高層雲ではなく巻層雲と判断できる（が、暈ができない巻層雲もある）」というわけです。言葉遣いってむずかしいですね。

(変種) ・・・・・・・・・・・・・・・・・・・・・・・・・・・ レア度 ★★

波状雲(はじょううん)

　巻層雲は空全体にトレーシングペーパーをかぶせたようにほんのり白く見えることが多いが、そのトレーシングペーパーにしわができて、白みにムラができたように見えるのが巻層雲の波状雲の特徴。もともと空が透けて見えているため、雲に隙間ができるというより雲の幕にしわができたように見えるのが普通である。

　薄い巻層雲ではこの波状雲がなければ雲の存在に気づかないこともある。

波状雲で上層の空気の流れを知ることができる。

何となく白っぽい空の一部にしわができることで雲の存在に気づくこともある。

積雲とその上にある巻層雲の波状雲のコラボ。

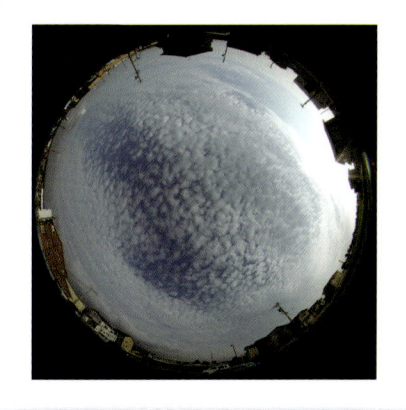

もっとも表情豊かで美しい雲
高積雲 こうせきうん（Altocumulus:Ac）

別名	ひつじぐも・まだらぐも
高さ	中層雲（2000m～7000m）
バリエーション	
種	層状雲・塔状雲・房状雲・レンズ雲
変種	半透明雲・不透明雲・隙間雲・二重雲・波状雲・放射状雲・蜂の巣状雲
副変種	乳房雲・尾流雲

　雲のかたまりがたくさん集まって浮かぶ姿がひつじの群れに似ていることから、「ひつじ雲」とよばれ親しまれている。ただ、高積雲は種・変種のバリエーションが11種もあり、必ずしも高積雲が「ひつじ」に見えるわけではないので注意が必要。

　高積雲はこれより上層の巻積雲と見分けることがむずかしいが、高積雲は巻積雲より雲片が大きく、雲の底に灰色の影をもつことで区別できる。

　朝夕に雲の横から日光があたる時間帯は特に陰影がはっきりとして非常に美しい姿を見せるのが特徴。

空いっぱいのひつじの群れ
（Fisheyeレンズで撮影）。

早朝の高積雲。朝夕の高積雲は陰影が
つくことで特に美しい姿を見せる。

（種） ··· レア度 ★

層状雲（そうじょううん）

　たくさんの雲片が広く空を覆うように見えるもの。一般に高積雲はこの層状雲であることも多い。
　巻積雲の層状雲は雲片が非常に小さくまっ白なことで平面的に見えるのに対し、高積雲では各雲片がやや大きく、雲底に灰色の影ができることで立体的になる。特に粒のそろった雲片が空を埋めつくすと、素晴らしい景色になる。

左の写真の高積雲に比べ雲片が大きな層状雲。大きめの雲片の高積雲が空を覆うときは大変美しい光景になる（Fisheyeレンズで撮影）。

空を埋める雲片の小さな層状雲（Fisheyeレンズで撮影）。

（種） ··· レア度 ★★

塔状雲（とうじょううん）

　普通、高積雲の雲片は扁平で水平方向の広がりが大きいことが多いが、それぞれの雲片が鉛直方向にも発達すると、泡立ったように立体的に見えるようになる。

　雲片の隙間が大きいときは鉛直方向への発達がわかりやすいが、隙間が詰まった高積雲では判別がむずかしくなる。夕方、太陽が沈む間際の雲底が暗くなるような時間帯には明瞭に判断できる。

層積雲（下方）の上にできた高積雲の塔状雲。雲頂部にだけ太陽光があたり、明るいことで鉛直構造が明瞭になる。

雲片が上方向に発達して球状になり、全体が泡立っているように見える。

4 高積雲 Altocumulus:Ac

(種) ……………… レア度 ★★

房状雲（ふさじょううん）

　高積雲をつくっている雲片ひとつひとつが丸くかたまり状になり、ときにその輪郭が羽毛状にほつれている状態の雲。

　ひとつの房は大きなときも小さなときもあり、同じ種とは思えないほど表情が違って見える。

上：今にも融けてなくなりそうな薄い房状雲。輪郭のはっきりした典型的な「ひつじ雲」から変化したもの。

ひとつひとつの雲片がとても大きな房状雲。

(種) レア度 ★★

レンズ雲（れんずぐも）

　文字通り凸レンズ状をしている雲。高積雲のほかの種は1～5°程度の小さな雲片の集まりであるが、レンズ雲の場合は大きなひとつの凸レンズ状の雲片をこの名称でよぶ。

　高積雲のレンズ雲は上空の強い風によるものと、地上の山岳地形によるものとの2つがある。このうち、山岳地形によるものは「笠雲」（P.115）などとよばれ、ときには数時間にわたって位置を変えることなく見え続けることもある。

長く伸びたレンズ雲。高積雲のレンズ雲は水平に長く伸びることも多い。

下から見たレンズ雲。気象衛星の画像からもその存在が確認できるほど大きい（Fisheyeレンズで撮影）。

上空の強い風によって、大きな雲からちぎれてできたレンズ雲。

4 高積雲 Altocumulus：Ac

(変種) 　　　　　　　　　　　　レア度 ★★★
半透明雲（はんとうめいうん）

　比較的濃い雲である高積雲の中では異色の存在。厚さが薄く、バックの空の青さが透けて見えるような状態の雲。雲片が薄いので立体感に乏しく、空にちぎり絵を貼り付けたように平面的な光景をつくる。当然、太陽の光を遮ることができないため太陽も透けて見える。
　空いっぱいに広がるこの雲は大変美しい。

右：空いっぱいに広がる半透明雲。空の青さが透けて見えるため、全体として青っぽく見えるのが特徴。

半透明雲を通して上層の巻雲が透けて見える。巻雲に半透明雲の模様が重なっていることで半透明雲のほうが下層にあるとわかる。

モザイク状の模様をつくる半透明雲。ジグソーパズルのようにも見える。

(変種) ・・・・・・・・・・・・・・・・・・・・・ レア度 ★★

不透明雲（ふとうめいうん）

　太陽の光を遮ってしまうほど厚くなった高積雲。

　高積雲が発達し厚みを増すと、太陽の光を通さなくなり雲底の影は濃灰色になる。さらに雲片と雲片の隙間が詰まってくると太陽の姿は見えなくなってしまう。

　不透明雲がさらに厚みを増し、隙間がなくなると、やがて雲底は下がり徐々に乱層雲に変化、天気は崩れて雨となる。

上：不透明雲がさらに厚みを増すと、高層雲・乱層雲と変化し天気は崩れ、雨を降らせる。

不透明雲では雲底は暗く、暗灰色となる。厚みのある雲片のわずかな隙間から太陽の光が漏れる。

月を隠す夜の不透明雲。

4 高積雲 Altocumulus : Ac

(変種) ･･････････････････ レア度 ★

隙間雲(すきまぐも)

　雲片と雲片の間にはっきりと隙間があいた状態。隙間が大きいときには、青空の中に雲が浮かんでいるように見える。高積雲は基本的にはこの隙間雲であることが多い。

　隙間が時間とともに大きくなっていったり、高積雲の雲片の輪郭がほどけて雲片が小さくなっていくようなときは天気がよくなる兆し。

全天に広がった隙間雲は大変見応えがある。

夕方、太陽に照らされて浮かび上がる隙間雲。

雲片の輪郭が薄くほつれ、消散過程にある高積雲は晴れの兆し。

(変種) ・・・・・・・・・・・・・・・ レア度 ★★★

二重雲(にじゅううん)

　高さの異なる2層の高積雲が見えるもの。高積雲に限らず二重雲は太陽高度が低くなると高さの差が明瞭になる。

　高積雲では向きの異なる2つの波状雲が交差するような光景もしばしば見られる。

上：太陽が沈んでも上層の雲には太陽光があたり続けるため明るく、下層の雲は影になってしまうことで灰色となる。

夕方の二重雲は明るさの違いではっきりとわかる。夕焼けでは色の違いも明瞭で、二重雲を見分けやすい。

(変種) ………… レア度 ★★ **(全天を波状雲で覆うときは＋2)**

波状雲(はじょううん)

　高積雲が上層の強い風で波立って見えるもの。波状雲は10種雲形のうちの6つの雲形に見られる典型的な形状であるが、その中でも高積雲の波状雲はもっともダイナミックで美しい姿を見せる。

　特に全天をこの高積雲の波状雲が覆うようなときはため息が出るほど見事な光景になる。ただ、高積雲の場合も波状雲は形が崩れやすく、美しい姿は長続きしない。

右：波状雲は刻々と姿を変えていく不安定な雲。

天頂付近に現れた太くくっきりとした波状雲。

全天に広がる波状雲は年に数回程度見ることができる(Fisheyeレンズで撮影)。

(変種) ……………………… レア度 ★★★

放射状雲(ほうしゃじょううん)

　広く空を覆う高積雲によって、雲片が見かけ上、地平線の1点から放射状に広がってならんだように見えているもの。巻雲の放射状雲(P.22)の項でも説明したように、これらの形状はあくまでも地上から見た「遠近法効果」によるものであることに注意。

　全体像をうまく写真に収めるためには「超広角レンズ」が必須となる。

右:大きく広がった高積雲は秋の空の象徴。
放射状雲は東西に開けた場所で見つけやすい。

朝方の高積雲は雲底に影ができ、
陰影がはっきりしている。

高積雲列が何本もならんで波状に見えている(Fisheyeレンズで撮影)。

(変種) レア度 ★★★
蜂の巣状雲（はちのすじょううん）

　巻積雲の蜂の巣状雲より、濃く大きく広がった「穴」をもっている。蜂の巣状雲の穴はそこに下降気流の存在を示しているため、蜂の巣状雲が次第に薄く変化し消えていくようなときは、天気がよくなる兆しとされている。

4 高積雲 Altocumulus:Ac

右：尖ってギザギザしたエッジをもつ蜂の巣状雲。

非対称な形状の穴があいている蜂の巣状雲。

(副変種) レア度 ★★★★

乳房雲（にゅうぼううん）

　高積雲の乳房雲は、小さな雲片ひとつひとつから垂れ下がるのではなく、大きなかたまりの雲の下部が丸くふくらむ。

　高積雲に限らず、乳房雲は雲底にできるために朝夕、高度の低い太陽が雲底を照らし出すときに見つけやすい。

右：夕方、雲底が明るく照らされ、空が暗くなることでコントラストが増す。

高積雲の乳房雲はこのような大きめの雲片のときに見つけやすい。

4 高積雲 Altocumulus:Ac

(副変種) ･･････････ レア度 ★★★

尾流雲(びりゅううん)

　高積雲の尾流雲は、いかにも尾流雲らしい典型的な形状をしたものが多い。それぞれの雲片から絵に描いたような尾を引いているものを見ることができる。

　高積雲からの降水は高度が高いために地表まで届かずに蒸発してしまうことがほとんど。よって、そのようすは尾流雲として見られるのが普通。

高積雲は2000m以上の高さにあり、降水は途中で蒸発してしまうことが多い。

全天に広がる薄い繊維状の尾流雲。

COLUMN
高積雲の夕焼けは美しい

　空を真っ赤に染める夕焼けは多くの人たちを魅了します。
　夕焼けが赤色になるのは太陽光が大気で散乱され、青い光が先に減衰することで赤色だけが残るから。残った赤色の光が巻積雲、高積雲、高層雲などの雲たちにあたることで、雲がオレンジ〜赤色の光に染まり美しい模様をつくりだします。
　中でも夕焼けで一番美しい姿を見せるのは高積雲です。高積雲の雲底は高度の低い朝夕の太陽光があたりやすい高さにあり、さらに雲片の大きさや形も明瞭で変化に富んでいるため、大変美しい夕焼け雲になります。
　もちろん、高層雲や巻積雲など他の雲でも美しい夕焼け空が見られるのですが、高積雲の夕焼けは私たち雲観察者にとっては格別なのです。夕焼けを見たら、雲の種類にも気をつけて観察してみてください。

複雑な模様をつくる高積雲の夕焼け雲。

空を単色に塗りつぶすペンキ屋さん

高層雲 こうそううん（Altostratus:As）

別名	おぼろぐも
高さ	中層雲（2000m〜7000m）
バリエーション	
種	なし
変種	半透明雲・不透明雲・二重雲・放射状雲・波状雲
副変種	乳房雲・尾流雲・ちぎれ雲・降水雲

中間の高さにできるやや厚めの層状の雲。この雲によって空全体が乳白色から灰色一色になってしまう、これといった見所のない地味な雲。よって、この雲にはバリエーションである「種」が存在しない。太陽や月はこの雲を通して、「すりガラスを通して見たように」ぼんやりとした輪郭をもって透けて見えることが多い。

薄い高層雲（半透明雲）は巻層雲と見分けにくいが、高層雲では地上にはっきりとした影ができないこと、太陽や月の輪郭がぼやけて見えることなどで区別できる。

ムラのある高層雲。灰色一色の高層雲も太陽光が透けると、はじめて厚さにムラがあることがわかる。

上：全天を薄灰色に染める高層雲。巻層雲を通してみる太陽や月は輪郭がはっきりしているのに対して、高層雲では太陽の存在がぼんやりとわかる。

(変種) ・・・・・・・・・・・・・・・・・・・・・・・・・・・・・・・・・・・・ レア度 ★

半透明雲（はんとうめいうん）

　厚さが薄く、太陽が雲を通して透けて見えるような状態の雲。全天にわたり白色から明灰色のほとんど彩度やコントラストのない空をつくる。

　高層雲の多くはこの半透明雲である。薄い場合は巻層雲と見分けにくいが、高層雲では①ハロができない、②太陽や月の輪郭が明瞭でない、③地表にはっきりした影ができない、の3つの視点で判断できる。

右：少し雲の厚さにムラのある半透明雲。太陽の輪郭がはっきりしないのが高層雲の特徴。太陽が何となくぼんやりして見えるときは高層雲と判断してよい。

巻層雲は空の青色がほんのり透けて見えることが多いが、高層雲の半透明雲は空全体が白色または明灰色で、彩度はほとんどない。

(変種) ……………………… レア度 ★

不透明雲（ふとうめいうん）

　厚い高層雲。全天を覆う雲が厚みを増すと、太陽の光を通しにくくなり、空全体がやや濃い灰色一色になる。同時に太陽の姿は、雲の明るさの違いでその位置が何となくわかる程度、さらに厚い雲の場合は太陽の存在さえもわからなくなる。

　不透明雲がさらに厚みを増し、雲底の高度も低くなるようなときは乱層雲に変化し、天気は崩れる。

上：不透明雲では、空は一様にのっぺりした灰色から暗灰色で、太陽の存在がほとんどわからない。こんなときは地上の景色も立体感がなくモノトーンに見える。

不透明雲が厚さを増すと色は濃灰色になり、降水があるときもある。

（変種） ······················· レア度 ★★★

二重雲（にじゅううん）

　高さの異なる2層の高層雲が見えるもの。
　ただし、高層雲はべったりと全天を覆うことが多く、下層の雲で隠されたその上にあるはずの雲を見ることができない。また、下層の雲に隙間ができても全体にコントラストのない雲であることから、地上から2層の雲の高さの差を判断することはむずかしい。

半透明雲と波状雲による高層雲の二重雲。コントラストのない高層雲においては、このように明瞭に二重になって見えることは少ない。

（変種） ······················· レア度 ★★★

放射状雲（ほうしゃじょううん）

　高層雲の雲底は普通凹凸が少なく、陰影もはっきりしないため平坦に見える。しかし時折、雲の厚さの違いによってしわ状の明暗が明瞭となり、放射状の模様が浮き出て見えるようになる。とはいえ、全体的にコントラストが低いので地味な雲には変わりはなく、注目度は低い。

高層雲の場合、他の雲形の放射状雲とは異なり、灰色の濃淡による模様となる。

（変種） レア度 ★★★

波状雲 (はじょううん)

　高さによる風の速さ・向きの違いで雲が波状になったもの。高層雲では雲に明らかな隙間ができて青空がのぞくことは多くなく、雲の一部にしわができて、灰色の濃淡の縞模様になるのが特徴。

半透明雲の一部に小さな隙間ができた波状雲。
右下にはうっすらと太陽が透けて見える。

左上：高層雲では雲の明暗で波状であることがわかることが多い。
左下：雲の一部にこのようなしわができるのが高層雲の波状雲の特色。

5 高層雲 Altostratus : As

（副変種） レア度 ★★★

乳房雲（にゅうぼううん）

　高層雲の雲底が丸く垂れ下がったもの。夕方、太陽光が雲底を照らす時間帯に見やすいが、高層雲はコントラストが低く、乳房雲はそれほど明瞭な輪郭をもたないことが多いので、見つけるためには注意が必要。

右：シルエットになって見えている乳房雲。このような乳房雲にどれだけの人が気づくだろうか。

コントラストの低い高層雲では、
乳房雲はとても見つけにくい。

夕方、雲底にできた乳房雲が
赤色に照らされて浮かび上がる。

(副変種) ・・ レア度 ★★★

尾流雲 （びりゅううん）

　高層雲は空全体が灰色から暗灰色のコントラストのない空になるため、高層雲からの降水は大変わかりにくく、尾流雲は意識して見ていないと見逃してしまう。高層雲の一部から、周囲より少し濃い灰色の繊維状の雲が流れているように見えるのが唯一の特徴。

尾流雲の存在は雲底の繊維状の濃淡でそれとわかる。ただ、灰色の濃淡だけが発見の手がかりなので、よく見ないとわからない。

夕日に照らされる高層雲の雲底と尾流雲。

高層雲の尾流雲はコントラストがなく、見分けにくいことが多い。

(副変種) ……………………… レア度 ★★

ちぎれ雲（ちぎれぐも）

厚めの高層雲の下に流れる断片状の雲。母体の高層雲の雲底下に、さらに暗い灰色の雲ができることで存在を知ることができる。

コントラストのない高層雲に柄をつけるちぎれ雲。

(副変種) ……………………… レア度 ★★★

降水雲（こうすいうん）

厚い高層雲からは強くはないが降水があることもある。ただし、道路をぬらすほどの量を短時間に降らせることは少ない。

この雲は写真を撮る者にとっては難物。降水が写真に写るほど顕著ではなく、雲自体も灰色でコントラストがないため、写真になりにくいというのがその理由。

高層雲の降水雲。写真では降水の存在がわかりにくい。雲底からかすんだ筋のように雨が落ちている。

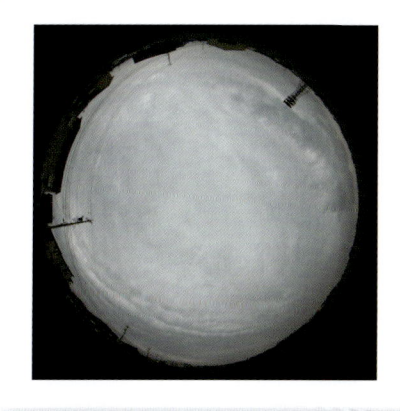

長雨を降らせるいたずら小僧
乱層雲 らんそううん (Nimbostratus:Ns)

別名	あまぐも
高さ	雲底は下層、雲頂は中層 (2000m〜7000m) 以上
バリエーション	
種	なし
変種	なし
副変種	降水雲・尾流雲・ちぎれ雲

　雨をもたらす雲の代表。数時間からときには数日にわたり、弱く長い雨を降らせる。雲底はややムラのある暗灰色で、雲の切れ間がほとんどなく、太陽の存在もわからない。この雲が空を覆うと昼間でも暗く陰鬱な雰囲気になる。
　種・変種がなく、副変種もわずか3種という変化に乏しい雲。

暗い雲底。乱層雲は厚いため太陽光を通さず雲底は暗灰色となる。

乱層雲は暗灰色の陰鬱な雰囲気をつくる。雲底下にはちぎれ雲が見える(Fisheyeレンズで撮影)。

(副変種) ……………… レア度 ★

降水雲(こうすいうん)

　雨を降らせることが特徴であることから、乱層雲は普通、降水雲である。ただ全天から雨が降ることが多いので、このページの写真のように、「そこに雨が降っている雲があることがわかる」という場面を目にするためには、ちょっとした努力も必要。

右：全天を覆う暗灰色の膜の一部に強い降水が見られる（Fisheyeレンズで撮影）。

雲の厚みにムラがあるときは降水がはっきり見える。

降水がシルエットになって浮かび上がる。

（副変種） レア度 ★★

尾流雲（びりゅううん）

　雲からの降水が地表に届く前に蒸発してしまい、雨脚が途中で消えてしまった状態を尾流雲というが、乱層雲の場合はそれが地表に届いているかどうかを判断することは大変むずかしい。なぜなら、雲が空全体を覆っていて、雲底も高くない上に、見ている者が降水の中にいることも多いためである。

　地表のごく近くの雨脚のようすに注目する必要がある。

雲底の低い乱層雲では降水雲と尾流雲の判別はむずかしい。

COLUMN
雨の正体は雲の中でできる雪の結晶

　雨滴はいうまでもなく雲の中でできます。

　雲をつくっている微小な氷の粒がさらに成長することで雪の結晶ができます。これが大きく成長して落下、その途中で融けて雨滴になり地上へ降ってきているのが私たちの見る雨粒です。つまり、私たちが地上で見る雨はほとんどすべて、雪結晶が融けてできたものだということになります。このように雪結晶を経由して雨滴ができるような中緯度地方の雨を「冷たい雨」とよび、熱帯の積乱雲でできる「暖かい雨」と区別しています。

　ただし、冬季は気温が低く、雪結晶が落下途中で融けずに、周囲の水蒸気を取り込んで成長しながら地表まで落ちてきます。そうして私たちは地上で雪結晶を目にすることができるわけです。特に、寒冷な地方では大きく成長した、とても美しい雪結晶を目にすることができます。

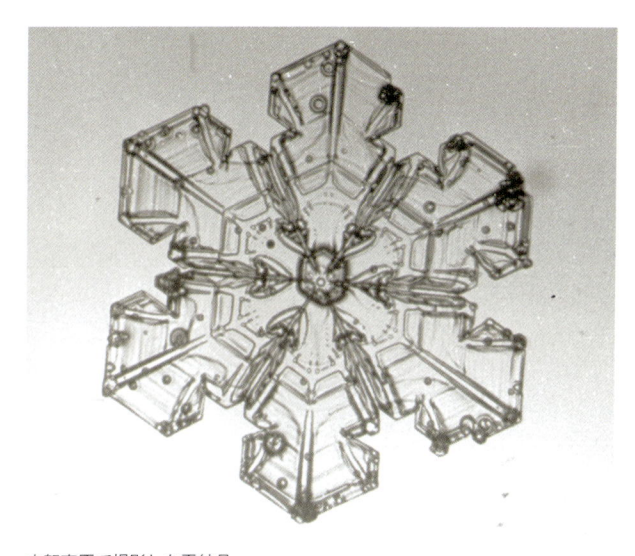

志賀高原で撮影した雪結晶。

(副変種) レア度 ★★

ちぎれ雲(ちぎれぐも)

　天気が崩れているときに乱層雲の雲底下にできる、比較的小さな雲片の雲。下層を大変速い速度で風に流され、移動していく。形状はかたまり状であったり、輪郭がほつれていたりとさまざま。

　乱層雲に付随するこれら「ちぎれ雲」自体は積雲であったり、層雲であったりするが、ときにこれらに遮られて上層の乱層雲が見えないくらいの密度になることもある。

上：乱層雲の雲底下を飛び交う多くのちぎれ雲。地表近くを流れる、この雲自体は積雲に分類される。

輪郭がほつれたちぎれ雲。ちぎれ雲は悪天の象徴でもある。雲底にこれらの雲が存在するということは、それだけ大気の湿度が高いということでもある。

誰もが思い浮かべる雲の代表選手
積雲 せきうん(Cumulus:Cu)

別名	わたぐも
高さ	下層雲(100m〜2000m)
バリエーション	
種	扁平雲・並雲・雄大雲・断片雲
変種	放射状雲
副変種	頭巾雲・ベール雲・尾流雲・降水雲・アーチ雲・ちぎれ雲・漏斗雲

　地表付近から2000mくらいまでの下層にできる、離ればなれで輪郭のはっきりした、厚みのある雲。「雲」といえばこの雲を最初にイメージする人が多いのではないだろうか。

　「わたぐも」とよばれる通り、ふくらんだ綿のかたまり状をしており、雲片の雲頂はドーム状、あるいはシュークリーム状に隆起しているが、雲底部は水平・直線状であることが多い。

　積雲は強い上昇気流が起こると鉛直方向へ大きく発達する。特に夏は強烈な日射で地表が熱せられて強い上昇気流が発生するため、雄大雲やさらに大きく発達した積乱雲へ変化していく。積雲は鉛直方向の発達の段階によって扁平雲・並雲・雄大雲の3つの種に分けられ、さらに雲片の輪郭がほつれてちぎれているものを断片雲とよぶ。

上：空いっぱいに舞う積雲は素晴らしい景色をつくる（Fisheyeレンズで撮影）。

春の到来を告げる積雲。長い冬のあとの雪融けの季節になり、地表が暖められるようになると、積雲の群れが現れる。

7 積雲 Cumulus：Cu

（種） ……………………………… レア度 ★

扁平雲（へんぺいうん）

　鉛直方向にあまり発達しておらず、雲片の高さより横幅が広い、積雲の子どもといえる雲。雲片の形状が平べったいため隙間が多く、青空の中にポツポツと白い雲片が島のように浮かんでいるように見える。

　春先や秋など、日射があまり強くない季節に見られることが多い。

右：春の扁平雲。地表の温度が上がらない春先には扁平雲が頻繁に見られ、夏が近づくにつれ垂直に大きく発達するものが多くなる。扁平雲に混ざって断片雲も点在している。

地上の建物と大きさ比べ。積雲は地表にもっとも近い雲のひとつ。

扁平雲が山地地形に沿って一直線にならんだ。積雲は下層にできるため山岳地形など地表面の条件に影響されやすい。

(種) ……………………………… レア度 ★

並雲（なみぐも）

　雲片の高さと幅が同じくらいの雲。もっとも典型的な積雲であり、積雲らしくバランスがよい形状をしている。

　扁平雲より鉛直方向に発達したもので雲頂はシュークリームのように盛り上がって割れている。

　雲が厚いため雲底には灰色から暗灰色の影がはっきりと見える。

右：典型的な積雲の形。並雲の雲頂はドーム状に盛り上がるが、雲底は直線状になる。子どもの絵に出てきそうな形状の雲が並雲。

積雲の雲底高度は低い。
下の建物と比べるとその大きさがわかる。

並雲はその厚さのために太陽光を通さず、
雲底は影になり、扁平雲よりも暗く灰色から暗灰色になる。

(種) ・・・・・・・・・・・・・・・・・・・・・・・・・・・・・・・・ レア度 ★★

雄大雲(ゆうだいうん)

　鉛直方向に大きく発達した積雲。夏に地表が強烈に熱せられ、地表近くの空気が強い上昇気流となって上昇してでき、その高さは数千mにも達することがある。幅も大きく、近くで見る雲全体は山のように巨大。

　雄大積雲からは降水のあることも多く、さらに発達すると強い雨や雷を伴う積乱雲となる。

　発達中の積雲は雲頂部がカリフラワー状に盛り上がっている。衰退過程になるとカリフラワーの輪郭はほつれてバラバラになるため、その形から成長の状況が判断できる。

標高900mの山地の上にできた雄大雲。雲頂高度は4000m以上あることがわかる。

間近で見る雄大雲は建物に覆い被さるように見える。

成長中の雄大雲。雲頂部分が明瞭な輪郭をもったカリフラワー状であることで、この後さらに発達することが予想できる。

(種) ……………………………………………… レア度 ★

断片雲（だんぺんうん）

　ちぎれたように小さな雲片の積雲で、輪郭はほつれ、小さな破片となって流れているように見える。基本的には蒸発しながら消えていく積雲の終末の形のひとつ。

　高度が低く、速い速度で流れていくことが多い。

　大きな積雲からちぎれてできる場合や、空に断片雲だけがたくさん漂う状態など、1年中いろいろな場面で見ることができる。

ほつれたたくさんの小さな雲片が空を流れていく。晴れた暖かい日によく見られる雲。

太陽に近い断片雲。太陽を街灯で隠して撮影すると近くの薄い雲が浮き上がった。

夕方、オレンジ色に染まった断片雲。

(変種) ・・・・・・・・・・・・・・・・・・・・・・・・・・・・・・・・・・ レア度 ★★★

放射状雲（ほうしゃじょううん）

　他の雲形の放射状雲と同様、地上から見ると、雲片の配列が地平線の1点から広がっているように見えるものをいう。

　積雲は高度が低く雲片の大きさが大きいので、雲片が多いときや、地平線がはっきり見えるほど見通しがよい場所など、条件がよくないと逆に放射状の全体像がわかりにくい。

扁平雲の放射状雲。扁平雲は春の雪融けとともに姿を現し、暖かくなるとともに鉛直に発達することが多くなる。

COLUMN
飛行機から見る雲の姿

　私たちは普段地表から雲を見上げているので、実はほとんどの場合、雲の底面近くのようすしか見えていません。また、下層に雲があれば、当然その上の雲を見ることはできません。でも、実は雲は雲頂のほうが変化に富んでおり、また大気の層に沿って上下にいくつもの雲の層をつくっていることが多いのです。飛行機から眺めると、地上からは見ることのできない雲の新しい姿を見ることができます。

　積雲の雲海を突き抜ける積乱雲、塔状の積雲群、乱層雲の上に広がる巻雲、何層にも重なる雲たち……。そして間近から見る繊細な巻雲。雲を観察している人たちにとっても、今まで見たこともない世界がそこに広がっています。

　飛行機に乗るときにはぜひ窓際の座席を予約しておきましょう。

地上からは見ることのできない風景。
飛行機から見た3層の雲——下から積雲・高層雲・巻雲。

(副変種) ·········· レア度 ★★

頭巾雲（ずきんぐも）

　発達中の積雲の雲頂部に付随してできる、小さなキャップ状の薄い雲。対流で雲頂が急速に上昇することで、雲の上の空気が強制的に押し上げられてできる。

　積雲が塔状に成長しやすい夏に多く見られる。積雲の発達が止まると消えてしまうため寿命が短く、また大きさも母体の積雲に対してかなり小さいため見落としがち。

上：ならんだ2つの雲頂にできた頭巾雲。頭巾雲は発達中の積雲によく見られるが、積雲にごく接近してできているために気がつかない人が多い。

雲頂と分離していない頭巾雲は積雲の一部に見えてしまう。雲の知識がなければ気がつかない。

（副変種） レア度 ★★★

ベール雲（べーるぐも）

　頭巾雲が水平方向に大きく広がって、雲を広く覆うようになったものがベール雲。発達する雲頂が頭巾雲を突き抜けてさらに上方に伸びるようなときはベール雲の寿命が長く、ときには積雲本体が衰退し消滅しても、ベール雲だけが広がって残っていることもある。

たなびくベール雲。頭巾雲と比べて、水平に大きく広がり、長い間見え続けることが多い。

COLUMN
雲観察の落とし穴

　「放射状雲は空の1点から広がっている」というのは、雲を観察した人によくある誤解のひとつ。

　雲を観察するときに忘れてはいけないことがあります。

　地上にいる私たちが観測する空は、①地上の1点から見上げている状態である。②地表からの視界は限られており、観察者からは空のほんのわずかの部分しか見えていない、という2点です。これを忘れると間違った雲の見かたをしてしまいます。

　右の写真に写る2本の線路はもちろん平行です。しかし、遠近法の効果でずっと向こうで1点に集まっているように見えます。放射状雲が地平線の1点へ収束する（集まる）ように見えるのは、これと同じ現象が起きているためです。放射状雲のほとんどは雲列がほぼ平行にならんでいます（気象衛星の画像を見れば一目瞭然です）。

　しかし、地表を離れることができない我々観察者には、遠近法の効果によっていかにも空のある場所から四方に広がって私たちの頭上を通り過ぎていくように見えるわけです。

　人間の感覚は主観に左右されがち。観察したものを客観的に分析しないと、雲の本当の姿が見えなくなってしまうこともあるということですね。

(副変種) ………… レア度 ★★★

尾流雲（びりゅううん）

　積雲から落ちる降水は密度が高く濃いため、尾流雲も見事なものが見られることがある。

　積雲からの降水が地表に届くかどうかは、大気の湿度や温度、そして降水の量による。降水が地上に届けば「降水雲」となる。

右：夕暮れ時、シルエットになった尾流雲。散水車が空から水をまいているように見える。

冬季、夕焼けに染まる高度の低い積雲の尾流雲。低温のため降水はおそらく氷になっていると思われる。

(副変種) ………………………………… レア度 ★★★

降水雲(こうすいうん)

　雄大雲のように発達した厚い積雲からは降水があることも多い。降水を伴う積雲を「積雲の降水雲」という。降水は暗灰色の雲底と地上をつなぐように繊維状に見える。雄大積雲では激しい降水になることもあるが、一般的にはごく薄い灰色の線が見える程度なのが普通。

　日本海では冬に積雲系の対流雲からの降雪を目にすることも多い。この場合はまっ白な降雪の流れがはっきりと見える。

右：雄大積雲の降水雲。繊維状の雨脚が見える。熱帯で撮影された写真には鉛直方向に発達した積雲(「雄大積雲」や塔状の積雲)からの明瞭な降水が写っていることも多い。

降雪雲。冬の日本海側ではこのように積雲系の雲からの降雪による白くはっきりとした流れが見られることが多い。

（副変種） ……………… レア度 ★★★★★

アーチ雲（あーちぐも）

　積乱雲のアーチ雲（P.107）と同様、大きく発達した積雲（雄大雲）の雲底から流れ出た寒気によってつくられる、水平に長く伸びる壁状の雲。アーチ雲が通過したあとは降水を伴うことが多い。

　ただし、アーチ雲は積乱雲によるものが多く、積雲によってこの雲が見られることは多くない。

雄大積雲の雲底下にできたばかりのアーチ雲。写真やや右に、手前から奥のほうへ直線状に伸びる黒い影がそれ。画面右方向へ進行していく。左は雲の中心であり、降水が見える。

（副変種） ……………… レア度 ★★

ちぎれ雲（ちぎれぐも）

　悪天候のとき、降水のある雲の雲底下に流れるバラバラの雲。多くの場合母体の雲は雄大積雲であり、これに付随してできる。副変種は母体となる雲に付随してできる雲も分類しており、ちぎれ雲自体は10種雲形で分類すると層雲や積雲に分類できる。

降水雲の下を流れるちぎれ雲に日が射して明るく浮かび上がる。高度は低く、このちぎれ雲自体は層雲に属するもの。

(副変種) レア度 ★★★★★

漏斗雲（ろうとぐも）

　積雲の雲底が漏斗状に垂れ下がった雲。形状は長くなったり短くなったり、まとまったり輪郭が不明瞭になったりと短時間に変化する。

　上空に寒気が流入して大気が不安定となり、積雲系の対流雲が発達しやすい冬季に見られることが多いが、積乱雲の漏斗雲同様、出現頻度が低い上に継続時間も短いので目撃するのは大変むずかしい。冬季に日本海側の海岸線では数本の漏斗雲が同時に見られることもある。その先端が地表に届くようになると竜巻とよばれる。

冬型になって寒気が流入しはじめた日の夕方おそく、目の前にシルエットになった黒く不気味な漏斗雲が流れてきた。下がった雲底は数分のうちにほどけて消えた。

COLUMN
雲を撮るためのカメラとは

　珍しい雲や現象を見たら写真に残したいと思うのが人情です。では雲を撮るにはどんなカメラを使えばよいのでしょう？　よく「コンパクトカメラではいけないのですか？」という質問を受けますが、広角レンズがついていればまったく問題ありません（ただしコンパクトカメラは明度差の激しい雲は苦手です）。

　写真は筆者が普段使っているカメラとレンズです。カメラは1眼レフカメラをメインに、カバンの中には常時小型のカメラを入れています。レンズは12mmの超広角レンズから120mmの中望遠レンズ（いずれも35mmフォーマット換算）で、超広角レンズは主に雲の全景を、望遠レンズは雲の特徴的な部分をアップにするときに使います。このほかにも魚眼レンズなども使いますが、95％くらいは上記のレンズで撮影することができます。雲は大きいので基本は広角レンズ、そして一部を拡大するためにちょっと望遠があれば充分だということになりますね。

　実は雲は特殊で結構やっかいな被写体です。大きくて、明るさの差が激しく、色も単純です。だから、カメラもちょっとそれ用に、撮影のしかたにも少しの工夫が必要です。雲の写真の撮り方の基本については本書「雲をつかむ話」(P.140)に書いてありますので参考にしてください。また、著者が主に使っているカメラを巻末に記載してあります。

層積雲 そうせきうん（Stratocumulus:Sc）

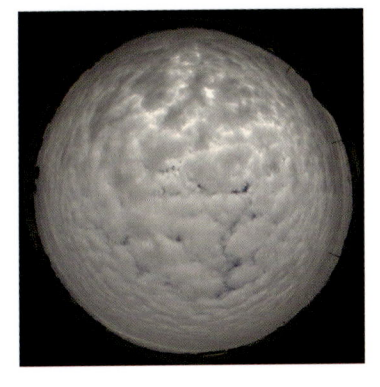

いぶし銀の魅力・通好みの雲

別名	くもりぐも・うねぐも・まだらぐも
高さ	下層雲（500m～2000m）
バリエーション	
種	層状雲・塔状雲・レンズ雲
変種	半透明雲・不透明雲・隙間雲・二重雲・波状雲・放射状雲・蜂の巣状雲
副変種	乳房雲・尾流雲・降水雲

　塊状の雲が集まって広く層をつくり、空を低く覆う。バリエーションが多く、長いロール状の雲が連なるときは「うねぐも」、塊状の雲が集まっているときは「まだら雲」などとよばれる。高度が低いため、普通ひとつひとつの雲片の見かけの大きさが5°以上ある。

　積雲と似ているが、層積雲は積雲ほど鉛直方向に発達していないこと、雲片同士の隙間が小さく密集していることが異なる。ただし、昼間に強い上昇気流によってできた積雲が夕方水平方向に広がって層積雲に変化していくこともあり、このようなときは両者に明確な境界線を引くのはむずかしい。

雲片の大きな層積雲。層積雲は大きな雲片が空を覆いつくす。右の写真と比べると同じ層積雲でもずいぶん表情が違うということがわかる。

まだら状の層積雲。粒のそろった層積雲はとても美しい。

(種) レア度 ★

層状雲（そうじょううん）

　層積雲は厚みの小さい、大きな雲片の集合体であるが、これらたくさんの雲片が空を大きく覆うように広がっている状態。

　弱い降水があることもあり、慣れないと乱層雲と紛らわしいことがある。しかし、層積雲の雲底は乱層雲ほど暗くなく、また雲片がたくさん集まって空を覆いつくしている層積雲では、雲片の接合部分に切れ目が見られることで乱層雲と区別することができる。

空を低く覆う層状雲。雲片の隙間から青空がのぞいていることから、層状雲であると同時に隙間雲でもある。

曇り空の主人公層積雲は低く空を覆う。まだらの曇り空のときにはほとんどがこの層積雲の層状雲だと判断してもよい。

空を埋める「まだら雲」とよばれる層状雲。大きめの粒のそろった雲片の集合体が層状に密集したもの（Fisheyeレンズで撮影）。

(種) レア度 ★★

塔状雲（とうじょううん）

　ひとつの雲片の雲頂部からいくつもの小塔が立ち上がっているものを塔状雲とよぶ。

　層積雲は雲片が密集しているため、雲の隙間を通して雲頂のようすを観察するチャンスは多くはない。

　それでもタイミングよく雲片の隙間から垂直方向への発達のようすを見ることができる場合もあり、特に朝夕には雲頂が照らされ、見やすくなる。

低く空を覆う層積雲の典型的な塔状雲。これを見るためには、密集した層積雲の切れ間を見つけ、雲頂部がのぞくのを待つ。

雲頂からいくつものキノコ状の突起が立ち上がっている塔状雲。

夕日に照らされる塔状の雲頂部。朝夕は雲の高さの違いがはっきりわかるため、塔状雲の観察には都合がよい。

（種） ・・・・・・・・・・・・・・・・・・・・・ レア度 ★★

レンズ雲（れんずぐも）

　層積雲の雲片が強い風で切り離されて大きな凸レンズ状の雲片が形成されたもの。山岳地形によって気流が強制的に上昇させられて、高度が低い層積雲のレンズ雲ができることもある。

上：日没後、隙間の多い層積雲のレンズ雲が乱舞する。層積雲は積雲と見分けにくいが、層積雲は積雲ほど鉛直に発達することはないこと、積雲の種にはレンズ雲が存在しないことで容易に判別できる。

大きく連なる層積雲の雲片の一部が切り離されてできたレンズ雲。

(変種) レア度 ★★★

半透明雲（はんとうめいうん）

　層積雲は、太陽の光が雲片によって完全に遮られるほど不透明で、雲底が灰色をしていることが多い。

　それでも積雲ほどは厚さがないことで、特に雲片の周囲、あるいは隣の雲片との接合部分では太陽の光が透けて見えるほど薄いものもある。これを半透明雲という。

　ただし、ほとんどの場合は層積雲に覆われた空が部分的に半透明になっている状態である。

半透明雲では雲の薄い部分が太陽光を通して明るくなるので、太陽のおおよその位置がわかる。

雲を通して太陽光が雲の輪郭を浮き出させ、わずかに空の青さも透過する。写真の下半分はやや厚い不透明雲になっている。

(変種) ・・・・・・・・・・・・・・・・・・・・・・・・・・ レア度 ★★★

不透明雲（ふとうめいうん）

　灰色で暗い曇り空をつくる。

　発達して全体的に厚みが増した層積雲では、太陽の光が雲底まで通らないため、雲底は灰色から濃灰色になる。それらの雲片が密集し、雲片同士の隙間が詰まってしまえば太陽の存在もわからない。

　不透明雲のような厚みのある層積雲からは弱い降水があることもある。

雲片が密集して隙間がなくなり、厚みを増すと太陽の存在もわからない。
それでも、雲は乱層雲ほどの厚みはなく、灰色の雲は薄明るい。

厚みのある不透明雲。層積雲は大きめの雲片の集合体であることで、乱層雲とは明確に区別できる。

厚みのある部分が波状に連なった不透明雲。日射を受けている雲頂付近とは対照的に雲底はとても暗い。

(変種) ……………………… レア度 ★★★

隙間雲(すきまぐも)

　雲片と雲片の間に隙間が多く、雲片が青空の中に浮かんで層をつくっているように見える。

　層積雲は下層にあり雲粒の密度が高く、雲片ははっきりとした輪郭をもつことが多い。そのため、空の青さとはっきりしたコントラストを見せ、大変美しい。

　積雲と見分けがむずかしいところだが、層積雲は積雲ほど鉛直方向への発達はなく、特に隙間雲は全天を覆う層積雲の一部分に隙間の大きな部分ができることが多い。空を大きく見渡せば間違うことはない。

雲片が分離、隙間が大きくなった、非常に美しい隙間雲。写真左端の、雲片が密集した状態から右へ向かうにつれて隙間が広がっている。雲の判別は一部を見るのではなく空全体を見渡すことも大切。

写真左半分には隙間が多いが、右に行くに従い隙間が詰まっている。層積雲には、積雲が太陽高度が低くなる夕方に水平方向へ広がってできるものもあり、その遷移経過の中で層積雲の隙間雲ができることもある。

(変種) ……………… レア度 ★★★★

二重雲（にじゅううん）

　高さの異なる2層の雲が重なって見えるものを二重雲というが、層積雲の場合、大きな雲片が密集している場合が多く、下層の雲を通して上層の雲を広く見ることがなかなかできない。そのため、層積雲が二重になっていることを確認するのはむずかしい場合が多い。

二重雲のうち、下の雲からは降水が見られる。上層の雲に太陽光が遮られるため、下の層積雲は暗灰色になる。

厚い層積雲と地表の隙間から上層の雲がのぞく。雲は何層にも重なっており、下層の雲に覆われると、地表の我々には雲の隙間からしかその上の雲のようすを見ることができない。

(変種) レア度 ★★★

波状雲（はじょううん）

　層積雲が波状に模様をつくったもの。
　層積雲はひとつひとつの雲片が大きいため、波状雲になると空いっぱいに大きな縞模様をつくることがある。このようすが畑の畝（うね）に似ていることから「畝雲（うねぐも）」とよばれる。層積雲の場合、波状になる原因は地形の影響である場合も多い。
　大きく長い波状雲は「ロール状の雲」ともよばれることがあり、この雲が列をつくっているようすは壮大な眺めになる。

美しく典型的な層積雲の波状雲。その名の通り、空低く大きな波が押し寄せて来る。

雲底が波状になった層積雲。厚みのある層積雲では波状雲とはいっても雲に隙間ができないこともある。

Fisheyeレンズで撮影した、全天を縞模様にする巨大なロール雲。その姿には圧倒される。

(変種) ・・・・・・・・・・・・・・・・・・・・・・・・・・・・ レア度 ★★★

放射状雲（ほうしゃじょううん）

　雲の配列が見かけ上、地平線の1点から広がるように見える状態。

　層積雲の場合、空全体を覆うような雲では放射状に見えることが少なく、写真のように層積雲に隙間のある場合（隙間雲）に放射状となって見えやすい。

上：太陽光が低くなるころ、層積雲と高積雲という高さの異なる2つの雲がつくった放射状雲。中層の高積雲には太陽光が射し白〜明灰色、そして下層にある層積雲は暗灰色と、高さの差が色の差となっている。

隙間雲によってできた放射状雲。低く空を覆う層積雲では、このように丸い雲片がたくさん集まったときに放射状雲として見えることが多い。

（変種） レア度 ★★★★

蜂の巣状雲（はちのすじょううん）

　層積雲は厚みがあるため、雲底に蜂の巣状に穴があいても巻積雲や高積雲のように穴が上に突き抜けない。そのため、「蜂の巣」の穴に相当する部分が丸く明るく、壁にあたる部分が暗い、奇妙なまだら模様となる。

　頭上いっぱいに層積雲の蜂の巣状雲が覆うと、別世界に迷い込んだような気分になる。

雲の中でももっとも不思議で不気味な雲のひとつがこの雲。色の濃淡はそのまま雲の厚さの大小を示している。

Fisheyeレンズで撮影した空いっぱいの巨大な蜂の巣構造。画面の中央がほぼ天頂方向。白く明るい部分が上に向かって凹んでおり、部分的に雲が薄いため光を通すことで明灰色に見える。

斜め横方向から見上げた蜂の巣状雲。蜂の巣の壁にあたる暗灰色の部分が下方に突き出て、穴にあたる部分が上方に凹んでいるのがわかる。

8 層積雲 Stratocumulus: Sc

（副変種） ························· レア度 ★★★

乳房雲（にゅうぼううん）

　雲底が下方向に丸く垂れ下がっているもの。層積雲は厚いため雲底にできる乳房雲は普通灰色〜暗灰色。雲底が低く観察者に近いことで大きさも巨大に見えることがある。

右：乳房雲は雲の明暗と形状の関係が蜂の巣状雲とは逆で、丸い部分は下方にふくらんで暗く、境界部分は雲が薄く明るい。

巨大な雲底のふくらみ。雲底が低いことで見かけの大きさは非常に大きく迫力がある。

小さな乳房雲が集まった雲底に太陽光が射し、ふくらみを浮かび上がらせる。雲底に起きる現象は陰影がつく朝夕に見やすい。

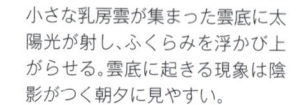

(副変種) ········· レア度 ★★

尾流雲（びりゅううん）

　厚めの層積雲から落ちる降水が地上に達する前に蒸発し消えていくため、尾を引いているように見えるのが尾流雲。層積雲では高度が低いため、降水は地上に達することもあり、そうなれば「降水雲」となる。

右：雲から落ちる降水が風で流され、地表に届く前に消えていく。

雲底からモヤモヤした筋が垂れている。シルエットになると尾流雲はそれとわかりやすい。

隙間の詰まった棒状の「うね雲」から落ちる降水が見える。このような現象はよく起きているが気がつかないことが多い。

(副変種) ······················· レア度 ★★★

降水雲（こうすいうん）

　雲からの雨脚が地上に届く状態になっているものを降水雲という。

　降水があることで乱層雲と見間違えそうだが、乱層雲はほぼ雲全体から広く降水があるのに対し、層積雲の降水は弱く、普通全天を覆う雲のうち一部分が厚くなって、部分的に降水雲となっている。

　また、乱層雲では雲底がほぼ一様で暗灰色なのに対し、大きな雲片が密集してできる層積雲の雲底は凹凸があり、明るさも明るい。

夕方の降水雲。隙間の多い層積雲の降水雲は、天気雨やしぐれをもたらすこともある。

照明に照らされ浮かび上がる層積雲からの降水。

明灰色の明るい層積雲の一部分から降水が見える。
層積雲では雲の狭い範囲からの降水が見られる。

さわることもできる一番地表に近い雲
層雲 そううん(Stratus:St)

別名 きりぐも
高さ 下層雲（地表付近〜500m程度）
バリエーション
  種 霧状雲・断片雲
  変種 不透明雲・半透明雲・波状雲
  副変種 降水雲

　10種の雲の中でもっとも低い位置にできる雲。ときにはビルの上部を隠してしまうほど低空にできるが、地表に接してしまうと雲ではなく「霧」とよばれる。

　天候の悪い日に山地地形に沿って見られることが多く、高度が低いため地表面の影響を大きく受けやすい。また、朝の層雲は日射によって地表面が暖められるとすぐに消散してしまうことが多い。

　乱層雲や積乱雲の雲底下に、ちぎれ雲として見られることも多いが、変化に乏しく雲の観察者にとっては興味の薄い雲のひとつ。

天候が悪いときに山際でよく見られる。しかし、その姿は美しいとはいい難く、意識して観察しようとはなかなか思わない。

高速道路から眺める層雲。よく目にする光景。

層雲は低いところにできるため、少し標高の高いところに行けば、その姿を見下ろすこともできる。

(種) ……………………… レア度 ★

霧状雲（きりじょううん）

　雲の輪郭がはっきりせず、全体的にぼやっと一様に見える状態。比較的薄いため、日射によって消えてしまうことも多い。

右：外から見れば層雲でも、山でその中にいる者にとっては霧となる。2つの名前を場合によって使い分けるのが層雲。ただし、現象としては層雲＝霧ではない。雲は断熱膨張でできるのに対して、霧は地表の放射や河川による冷却など平地でもできる現象。

下2枚：このような光景も、離れて外から見れば山にかかる立派な雲。

（種）　　　　　　　　　　　レア度 ★

断片雲（だんぺんうん）

　層雲が小さく切り離されて小片になって、風で流れている状態のもの。煙のように形を変えながら、次々と小雲片が流れていく。

上：山沿いではすぐ近く、手が届きそうな距離をちぎれた層雲の断片雲が流れていく。

右下：断片雲は山肌にまとわりつくようにたくさんできて、なめるようにどんどん流れていく。山沿いでは普通に見られる光景。

左下：谷間にたまった層雲が、谷風の上昇気流によってちぎれて浮かび上がっていく。

95

(変種) ────────────── レア度 ★

不透明雲（ふとうめいうん）

　厚く密度の高い層雲。
　雲を通して向こう側がまったく見えないくらいに厚く、ときには濃灰色に見える。雲の中に入っても同様に灰色で、太陽の存在が何となくわかる程度の密度の濃い層雲。
　この雲では降水がある場合がある。

山の中腹を覆う不透明雲。山々は完全に隠され、雲頂から鉄塔だけがのぞいていることで雲の向こうに山地があることがわかる。

(変種) ────────────── レア度 ★

半透明雲（はんとうめいうん）

　文字通り、雲を通して向こう側が透けて見えるくらいに雲粒の密度が小さい層雲。この雲の雲底下から見上げると、太陽は眩しく、空の青さや上層の雲のようすがうっすらと透けて見える。

半透明雲を通して、かなり向こうにある景色や層雲の上の空の青さが透けて見える。

(変種) ・・・・・・・・・・・・・・・・・・・ レア度 ★★★★

波状雲（はじょううん）

　層雲の雲底が波状になっているもの。層雲は雲底が著しく低く、水平に大きく広がることがあまりないので、波状になっているのを実際に目にする機会は少ない。
　天気が悪いとき、乱層雲の雲底下に層雲のちぎれ雲が波状雲になって見られることがある。

右：雲底の高度約500m。雲底にしわがよっているような波状雲。

(副変種) ・・・・・・・・・・・・・・・・・・・ レア度 ★★★★

降水雲（こうすいうん）

　層雲からの降水は普通粒が小さく、降水もわずかであるために目に見えるような雨脚にはならない。そのため、降水雲を外から見て判断できることはほとんどない。撮影対象としては大変やっかいな雲。層雲の直下や、その中で弱い降水を体感することがあり、その場合は降水雲であることがはっきり判断できる。寒冷地では低温のために降水が氷の粒のこともあるという。

遊園地の照明で照らし出された層雲の降水雲。層雲からの降水はわずかなので明瞭な降水を目にすることが少ないが、特殊な条件で降水が明瞭になった。

巨大な空の暴れん坊
積乱雲 せきらんうん（Cumulonimbus:Cb）

別名	かみなりぐも・にゅうどうぐも
高さ	対流雲・雲底は下層、雲頂は上層（500m〜13000m）
バリエーション	
種	無毛雲・多毛雲
変種	なし
副変種	かなとこ雲・乳房雲・ちぎれ雲・頭巾雲・ベール雲・降水雲・尾流雲・漏斗雲・アーチ雲

　強烈な上昇気流でできる、背の高い巨大な雲。雲底は低いが、夏季の積乱雲では雲頂高度13000m、雲の厚さは10000m以上に達することもある。あまりに巨大なため、積乱雲全体のようすは数十km以上も離れないと見ることができない。

　太陽光が厚い雲に遮られるため、この雲の下に入ると暗く、また強烈な上昇気流によって発生する激しい雨や雷を伴うことが特徴。真夏の夕立や突然の雷雨はこの雲のしわざである。冬の日本海側では「冬季雷」の原因となる暴れん坊。

　積乱雲は「無毛雲」と「多毛雲」の2種に分けられるが、その中で雲頂が対流圏界面に達して、水平方向に大きく広がった形状の雲を特に「かなとこ雲」（P.101）とよぶ。

　巨大な雲であり、雲の各部に同時に異なった副変種の雲を付随させていることも多い。

厚い積乱雲の雲底は真っ黒になる。

約35km離れてそびえ立つ積乱雲。この雲の真下では局地的な雷と強い雨となっている。

(種) ・・・・・・・・・・・・・・・・・ レア度 ★

無毛雲（むもううん）

　雲頂部の輪郭が明瞭である状態の積乱雲を無毛雲という。

　積乱雲は雲頂が対流圏界面に達すると、カリフラワー状をした雲頂部のコブが不明瞭となり、同時に雲頂部全体が水平方向に広がりはじめる。

　このあと、さらに雲頂部が水平に大きく広がって、かなとこ雲を形成、その輪郭が繊維状に毛羽だって多毛雲となる。積乱雲はその後に衰退していく過程をたどることが多い。

雲は対流圏と成層圏の境界（圏界面・高さ約10km～13km）に到達すると水平に広がりはじめる。

成長し、雲頂が水平に広がりつつある積乱雲。このあとかなとこ状の多毛雲となり最盛期を迎える。

COLUMN
対流圏とかなとこ雲

　地球を取り巻いている大気は下層から、「対流圏」「成層圏」「中間圏」「熱圏」とよばれる4つの層に分けられており、それぞれの性質が異なっています。

　本書で扱う雲や、私たちの生活に大きく影響する気象現象は、ほとんどすべてがこの中の最下層、地表から上空約15kmまでのわずかな高さの「対流圏」で起きています。対流圏はその名の通り、大気の対流が盛んで、地球上の大気の大循環をつくっているのです。

　実は対流圏で発生した雲は、その上の成層圏に侵入することがほとんどできません。詳しい解説はここでは省きますが、いわば対流圏はその上の成層圏によって見えない「ふた」をされている状態なのです。両者の境界を対流圏界面といい、大きく成長した積乱雲も対流圏界面に達してしまうと、そこから上には行けなくなって、この「ふた」に沿うように水平に広がりはじめます。こうしてできるのが「かなとこ雲」（P.101）なのです。

10 積乱雲 Cumulonimbus:Cb

(種) ……………………………………… レア度 ★★

多毛雲(たもううん)

　積乱雲の雲頂部が水平に広がって繊維状にほどけ、輪郭が不明瞭となった状態の雲。積乱雲の発達段階中、最盛期の状態。

　先端の繊維状の構造は、そこが水滴ではなく、氷晶となっていることを示している。また、このころ雲の内部では下降気流が発生しはじめ、このあと積乱雲は収縮、衰退することになる。

　積乱雲本体が衰退したあと、多毛雲をつくっていた繊維状の雲は切り離され巻雲として残る。

夕日に染まる多毛雲。笠の左下側には乳房雲が見える。夏の積乱雲は夕方に大きく成長することが多いので、この雲を見たいときには、午後3時ころから夕方にかけてが要注意。

笠がいくつかに分かれて伸びている多毛雲。繊維状の触手を広げていく。

遠方でできた多毛雲の先端が巻雲状になって広がった。この雲は観察地から400kmも離れたところに発生し、大きく広がってきたことが気象衛星画像で確認できた。

（副変種） .... レア度 ★★

かなとこ雲（かなとこぐも）

　盛夏に内陸部で特に多く見られる。積乱雲が強烈な対流によって鉛直に大きく発達し、やがて対流圏と成層圏の境界（対流圏界面）に達すると、雲頂は水平に大きく広がってかなとこ雲となる。

　その広がりは大きなもので直径数百kmにも達することがあり、そうなれば雄大なその全体像は100km以上離れたところでないと見ることができない。かなとこ雲は最初、輪郭が明瞭であるが、その後輪郭がほつれて繊維状に変化していく。

かなとこ雲の中心は太く激しい上昇気流の柱であり、その上昇気流は毎秒10m以上にも達することがある。かなとこ雲の笠の下面には乳房雲（P.102）が見える。

楕円形の笠をもつ典型的なかなとこ雲。美しいかなとこ雲の形はあっという間に崩れていく。

遠方にならぶかなとこ雲の列。かなとこ雲の雲頂は高度が高いので、開けた場所ならかなり遠方の雲も観察することができる。

10 積乱雲 Cumulonimbus:Cb

(副変種) ……………………… レア度 ★★★

乳房雲（にゅうぼううん）

　乳房雲は雲底にできる大きく丸いふくらみであるが、積乱雲の乳房雲は、その多くがかなとこ雲（P.101）の笠の部分の下面にできる。かなとこ雲がほどけて繊維状になると乳房雲も存在しなくなるため、その寿命は短い。

太陽に下から照らされる夕暮れ時は乳房雲を見つけやすい。

かなとこ雲の笠は変化が激しいため、そこにできる乳房雲の寿命も短い。

(副変種) ……………………… レア度 ★

ちぎれ雲（ちぎれぐも）

　積乱雲は降水を伴うため雲底下は湿度が高く、ちぎれ雲を持つことが多い。母体の積乱雲が厚く光を通さないため、その下にできるこの雲も暗く、重苦しい雰囲気をつくる。

雲底下に低く流れる濃灰色のちぎれ雲。ちぎれ雲の存在は、地表近くの湿度が高いことを示している。

(副変種) ……………………… レア度 ★★

頭巾雲（ずきんぐも）

　発達中の積乱雲の上の空気が持ち上げられて、本体の雲の上にベレー帽のようにできる雲。積乱雲の発達が終わると消えてしまうため、寿命は数分から十数分程度のことが多い。頭巾雲がさらに水平に大きく広がって、雲の上部を覆うようになるとベール雲（P.104）ができあがる。

右：やや広がった頭巾雲。

発達中の雲の雲頂にできたばかりの頭巾雲。頭巾雲は母体となる雲の発達と運命を共にする。

太陽に照らされて、
彩雲（P.123）となった頭巾雲。

（副変種） ················· レア度 ★★★

ベール雲（べーるぐも）

　発達する積乱雲の雲頂の頭巾雲（P.103）がさらに水平方向に大きく広がり、雲の上部を覆うようになった状態をベール雲という。

　時には雲頂の上昇速度が速く、ベール雲を追い越し突き抜けて、そのまま置き去りにされた状態になることもある。

　頭巾雲に比べて寿命は長く、特に雲頂がベール雲を突き抜けたあと水平に広く広がったものは、成因となった雲の本体が消滅しても残っていることもある。

上：広がりつつあるベール雲。手前を飛ぶ飛行機と比べるとその大きさがわかる。

発達する積雲の雲頂がベール雲を突き抜ける。ベール雲ではしばしばこのような光景が見られる。このあと、雲頂は発達し高度を上げるが、ベール雲はそのままの高度に取り残されてしまう。

（副変種） レア度 ★★

降水雲（こうすいうん）

　積乱雲は強い雨を伴うので、雲底からはごく普通に濃く太い降水のようすを見ることができる。

　ただし、積乱雲の降水雲は短時間に発生し、移動は速く、そして急速に衰退するため、集中した明瞭な雨脚のある降水雲を楽しむ時間はあまりない。

積乱雲の雲底からの、「バケツの底が抜けたような」降水。積乱雲の降水雲では、その厚さのため、大粒の激しい雨が局地的に降るのが特徴。

降水と雷電。積乱雲の降水は雷を伴うことが多い。

真っ黒な雲底から落ちる降水。雲の向こう側が明るいときは降水のようすがはっきりとわかる。

10 積乱雲 Cumulonimbus:Cb

(副変種) ……………… レア度 ★★★

尾流雲（びりゅううん）

　雲底からの降水が途中で消えている状態。積乱雲では強い雨になることが多く、雲底での明確な尾流雲はかえって見つけにくい。まれにかなとこ雲の笠が尾流雲となっていることもある。

(副変種) ……………… レア度 ★★★★★

漏斗雲（ろうとぐも）

　積乱雲に伴う副変種の中でもっともレアで、もっとも継続時間が短い貴重品。

　非常に寿命が短い場合が多く、短いときには数十秒で消える。

　この雲が発達し、そのくさび状の先端が地上（あるいは海水面）に達すると竜巻となって被害を及ぼす。

　日本海側では冬季にしばしば観測される。

数km離れた知人から「頭上に竜巻ができている!」という電話があり、あわててカメラをもって飛び出して撮影した、冬の漏斗雲。この日は短時間に数本の漏斗雲が現れては消えていった。

(副変種) ········· レア度 ★★★★

アーチ雲(あーちぐも)

　水平に長く伸びた、濃く、まるで堤防のようなロール状の雲。積乱雲から吹き出した強い風によって、雲底に局地的な前線(ガストフロントという)ができることで発生する。

　アーチ雲は積乱雲の雲底で生まれ、非常に速い速度で進行し、あっという間に観察者に迫ってくる。頭上を通り過ぎると、そのあとは強い風と雨、そして雷という大荒れの天気になる、嵐の先導者。

押し寄せて来るアーチ雲。津波のようなかたまりが低空を大変なスピードで通り過ぎていく。恐怖さえ感じる。

上のアーチ雲が頭上を通り過ぎたあと。頭上低く、真っ黒な境界線が遠ざかっていく(4枚の写真を合成)。

迫る巨大な堤防のようなアーチ雲。この雲はこのあと頭上を通過し、天気は急変、突風と強雨となり、さらにその後雷とともに霰が降る、大荒れの天気になった。

(その他) ･･････････････････････････････ レア度 ★

雷雲（かみなりぐも）

　種・変種・副変種ではないが、積乱雲の大きな特徴としてここで紹介しておく。積乱雲は激しい上昇気流によってできる雲であり、雷を伴うことが大きな特徴。雷の放電は雲底と地上を結ぶこともあるが、積乱雲の内部で放電が起きて積乱雲を内側から照らし出すこともある。

　太平洋側では夏に多い落雷だが、日本海側では冬の雪雲によって発生することのほうが多く、これを冬季雷とよぶ。

光と音を伴う放電現象を雷電、その中でも雲と地上の間の放電を落雷とよぶ。

積乱雲中の雷で雲が浮かび上がる現象を「幕電」とよぶこともある。

COLUMN
高々度放電現象「スプライト」

　積乱雲内部で衝突しあった氷の粒などが静電気を帯びることで発生する放電現象がおなじみの雷です。雷が発生しているとき、実ははるか上空の中間圏（高度50km～80km）でも不思議な放電発光現象が起きています。

　写真はそのひとつで、「スプライト」（妖精という意味）とよばれるもの。北陸地方で冬季雷が起きているときに、その上空を三重県桑名市から高感度CCDカメラを用いて撮影したものです。スプライトは発光時間が数ミリ秒～数十ミリ秒ときわめて短いため、1989年になってはじめてその存在が確認された現象ですが、実は注意して見ていれば肉眼でも見ることができます。一瞬の赤い発光。大昔から空で光っていたはずなのに、最近まで誰も気づかない現象だったのです。

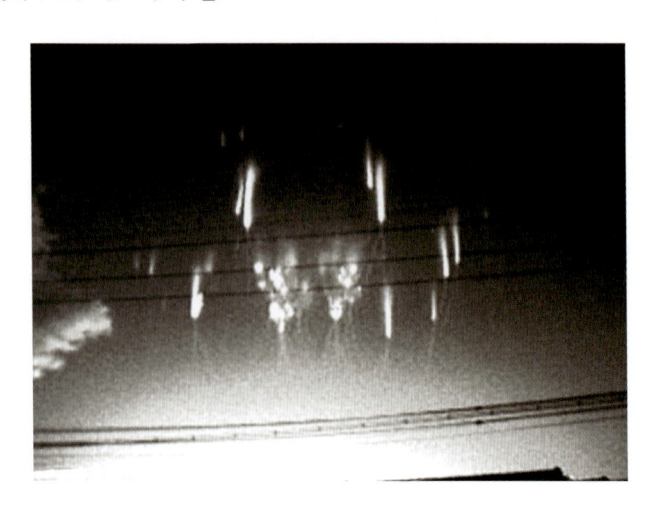

雲の11番目のメンバー
飛行機雲 ひこうきぐも (Condensation trail)

　いわずと知れた人工の雲。人間が飛行機を発明してから出現するようになった、歴史の浅い雲の新しい仲間。最近は地球温暖化の要因のひとつとしても注目されている。飛行機雲をこれまで紹介してきた10種雲形に加え、「11番目の雲」として紹介しておきたい。

　飛行機雲はできてすぐに消えることもあるが、みるみる発達し巻層雲や巻積雲となって広がっていくことも多く、上層の空に新しい雲を生む原因となっている。実際観察していると、飛行機雲が上層の雲の形成の原因となっている場合が非常に多いことに気づく。

　飛行機雲はできてからの変化のスピードが速く、成長のパターンもさまざまで観察は大変楽しい。飛行機雲が長い尾を引いていたら、そのあとの発達のようすに注目したい。

古い飛行機雲の横に新しい飛行機雲が線を引く。飛行機の航路は決まっているため、同じ場所に次々と新しい飛行機雲ができていく。

夕方、高空を飛ぶ飛行機雲には太陽光があたっているため、空が暗くなってきても、最後まで明るく輝いて見える。

たくさんの航跡

11 飛行機雲 Condensation trail

　普段は気がつかないが、私たちが暮らす街の上空には数多くの飛行機が通り過ぎている。

　上空の大気に水蒸気が多く含まれるときは飛行機雲が長時間残りやすく、後から生成する飛行機雲が次々と新しい航跡を空に残していく。

　このようにたくさんの飛行機雲が残るようなときは、その後天気が崩れることが多いとされる。

右：空にたくさんの飛行機雲。飛行機雲が長時間残るようなときは、このようなにぎやかな空ができあがる。

私たちの頭上には多くの飛行機が行き来していることが飛行機雲の存在でわかる。

できた飛行機雲が上空の風に流され、その後に次々に飛行機雲ができることで、何本もの平行な航跡が残る。

飛行機雲の発達

　飛行機雲はできてすぐ消えてしまうことも多いが、上空に水蒸気が多いときは、形を変えながら発達、長時間見え続ける。

　飛行機雲が発達すると、筋状の尾を引いて「巻雲」に、または大きく広がって「巻層雲」、小さなかたまり状をつくると「巻積雲」に変化するが、ときには大きく全天に広がって厚い「高積雲」に成長することもある。

　飛行機雲を見つけたら、継続して観察しておきたい。飛行機雲が発達してできた上層の雲が非常に多いことに気がつく。

2本の飛行機雲からできた形状の異なった巻雲。飛行機雲は変化が速く、発達していくとおもしろい形状のものができることがある。

飛行機雲から巻積雲が広がっていく。飛行機雲が発達して大きく広がるようなときは、やがて天気が崩れることが多い。

巻雲に変化していく飛行機雲。巻雲は太陽に照らされると、輝いて浮かび上がる。

飛行機雲による大気光象

　高空を飛ぶ航空機による飛行機雲は、最初は水滴からできている。しかし、広がりながら凍結することで氷晶となって巻雲や巻層雲などに変化していく。そうなると、自然の雲と同様の大気光象を起こすことがある。

広がった飛行機雲によってできた環天頂アーク。この現象ができることで、この飛行機雲が氷晶からできていることがわかる。このほかにも広がった飛行機雲で22°ハロ、幻日などさまざまな大気光象が現れることがある。

消滅飛行機雲
（しょうめつひこうきぐも）

　飛行機からの高温の排気によって雲が消されて雲のない直線ができることがあり、これを消滅飛行機雲とよぶ。
　雲が引き裂かれたように見える、いわば逆飛行機雲ともいえる現象。

飛行機によって切り裂かれた巻層雲。消滅飛行機雲は不安定なため、すぐ消えてしまうことが多いので注意して見る必要がある。

COLUMN
夜の雲を観察してみよう

最近は街明かりのために、街中で星を見ることがむずかしくなりました。反面、街灯で雲底が照らされることで、夜でも雲の形状がはっきりわかるようになってきています。

実は夜の雲も、ちょっと変わっていておもしろい観察対象なのです。夜間は地表面が日射で暖まらないので、背の高い対流雲は少なく積雲も水平に広がった扁平なものが多くなります。

最近のデジタルカメラの急激な進歩は、夜の雲の撮影も可能にしています。

いままでは露出時間が10秒以上必要で、どうしても雲が流れて写ってしまったのですが、感度が非常に高くなり画質も向上したことで、1/10～数秒の露出でOK。三脚さえあれば(あるいは手持ちでも)簡単に夜の雲を撮影することが可能なのです。

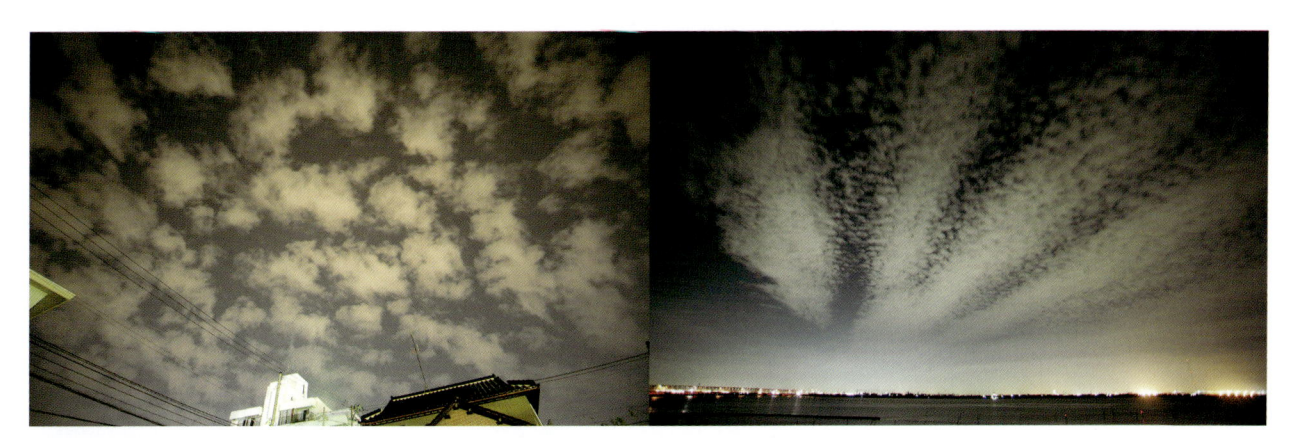

高積雲の隙間雲。

高積雲の放射状雲。

工場からの排熱でできた積雲系の雲。夜でも大気が不安定なときはこのような背の高い対流雲が見られる。

層積雲。一部が街灯に照らされ明るくなっている。

無限に広がる雲の表情
一度は見たいちょっとレアな雲

雲を観察していると、珍しい形や現象を見つけることもある。そんな発見が次の雲観察のモチベーションにもなる。

レア度 ★★★★★

K-H 波雲（ケルヴィン - ヘルムホルツ不安定波の雲）

　対流圏をつくる大気は風向や風速、温度などの性質が異なる見えない境界をつくって、何層にも重なりあっている。これら上下の層で特に風速が大きく異なっているようなとき、そこにある雲の雲頂が上層の風速の大きな流れに引っ張られ、まるで波立つような形状に変化することがある。つまり、見えない空気の流れが、雲によって可視化されたものがこの雲。

層積雲のK-H波雲。下の層と上の層の風の向き、強さの違いによって雲頂部が波立って見える。

レア度 ★★★★★

穴あき雲（あなあきぐも）

　層状の雲に誰かが穴をあけたような雲。上層から氷の粒が落下することで、下層の雲をつくる水滴が蒸発し雲に穴があいたもの。

巻層雲にいくつもの小さな穴が開いている。上層から氷晶が落下することで下層の雲に穴があく。

飛行機雲によって、大きく穴があき2つに切断された雲。

レア度 ★★★★（ただし場所による）

地形性の雲

　高度の低い大気の流れは地表の影響を強く受ける。そのため、層積雲や積雲のような下層の雲は、地表の状態によってさまざまな形状になることがある。

笠雲(かさぐも)

　山岳地形の上に凸レンズ状の雲ができたもの。レンズ雲のひとつ。流れる気流が山岳地形を乗り越えるときにでき、ときには形を変えずに数時間以上、同じ場所に見え続けることがある。笠雲は天気が悪くなる前兆だといわれている。

吊し雲(つるしぐも)

　山岳地形でバウンドした気流（山岳波）が風下につくる雲のひとつ。山のピークから離れた場所に、長時間位置を変えずに継続する。必ずしもレンズ状になるわけではない。富士山付近にできる雲が有名。

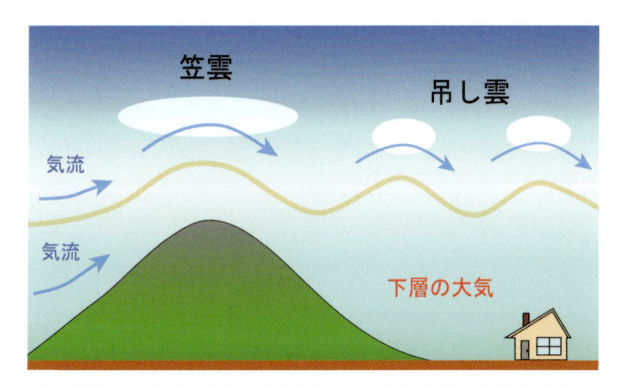

図　笠雲、吊し雲ができる理由（モデル）。山岳地形に気流がぶつかり、上昇気流ができることで山の上に「笠雲」、山の下流でさらに波立つことによって「吊し雲」が生成される。

その形状から海外ではUFO雲とよばれることもある笠雲。実際、海外では過去にレンズ雲がUFOと間違えられた報告例がいくつもある。

山岳地形の風下にできる吊し雲も笠雲同様、同じ位置に見え続ける。

写真下奥に伸びる山地地形に平行に、長く連なって伸びた不思議な形の吊し雲。何も知らずにこの雲を見た人は何と思うのだろう？

レア度 ★★★★（ただし地域・季節による）

収束性の巨大な積雲

　地表の影響を受けてできる雲のひとつ。夏季に海風が陸地深く侵入したり、山地地形に向かう風がせき止められる等の原因で気流が収束、上昇し、連続した巨大なアーチ状の雲をつくることがある。関東で話題となった環八雲はこの雲の一種。

海風の侵入と収束による巨大な積雲列。気象衛星の画像でも、延々と伸びる雲列が確認できるほど大きい。

見かけの長さが170°にも及ぶ巨大な積雲アーチ。山地地形に沿ってできた収束性の雲だと思われる。魚眼レンズでないと全体を一度に写すことができない。

レア度 ★★★★★

馬蹄雲（ばていうん）

　その名の通り「U字」形をした、ひものように細い形状の小さな雲。細いパイプ状の雲がロール状にくるくる回転しながら形を変えて流れていく。子どものころ、父親が煙草の煙で輪っかをつくってくれたのを思い出させる。

下層の積雲の間を流れる、夕日に照らされた馬蹄雲。やがて、するするとほどけてなくなる。この日はこの雲が3つ次々と現れ、消えていった。

青空の下の虹

2 空を彩る大気光象
Illusions In The Sky

この章に示す「レア度」について。大気光象が見られる頻度は観察する地域によって多少異なります。本章では本州地方に住む筆者の経験をもとに、レア度を★の数によって6段階で示してあります。「★」はおよそ1年に数十回程度の頻度で見られる現象、「★5つ」以上のものは雲仲間では「レアもの」とよばれる目撃難易度の高いもので、中でも「★6つ」は1年に1、2回〜数年に1回という珍しい現象です。ぜひ、レアものゲットに挑戦してみてください。

大気光象とは

　太陽または月の光が大気中の水滴や氷の粒（氷晶）によって反射、屈折、回折、干渉して生じる光学現象を総称して「大気光象」といいます。水滴による光象の代表では「虹」、氷晶によるものは「暈（かさ）」がおなじみですが、ほかにも形状・見える方向、色あるいは見える条件などによって多くの種類があります。

　中でも「氷晶」による各種現象は、主に上層雲（巻雲・巻層雲・巻積雲）をつくっている氷晶が原因であり、雲の種類と密接な関係があるのです。右の図は氷晶によって太陽の周辺にできる主な大気光象を示したもの。これほど多様な現象が上層雲と共に現れているにもかかわらず、多くの人はそれに気がつきません。大気光象は非常に明るく輝いたり、色彩が美しいものも多く、中には「120°幻日」や「9°ハロ」のように、私たち雲の観察者でも年に1、2度しかお目にかかれないような大変レアで貴重な現象もあります。そのため、これらの現象は雲の観察者にとって雲と同様興味深い観察対象になっています。

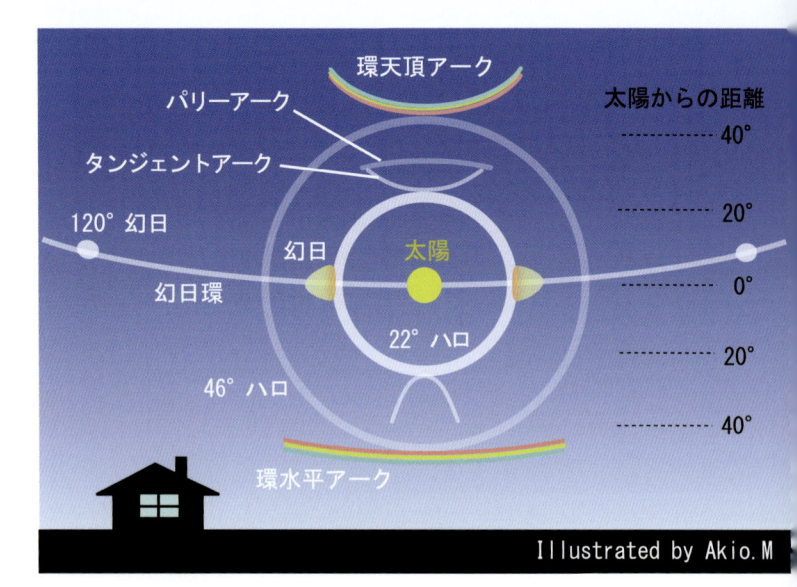

太陽の周辺に現れる、氷晶による主な大気光象の位置関係。
大きさや太さは実際の現象とは異なる。

大気光象の原因と主な現象

　主な大気光象とその原因をまとめると右の表のようになります。虹と環天頂アークと光環はどれも七色に輝く美しい現象ですが、これを見ると、実はまったく違う原因で起きている「別物」なのだということがわかりますね。

原因		現れる大気光象
水滴による屈折・反射		虹（主虹・副虹）
小さな水滴・氷晶による回折		光環・彩雲
氷晶での屈折	60°プリズム効果	22°ハロ（内暈）・幻日・タンジェントアーク・パリーアーク
	90°プリズム効果	46°ハロ（外暈）・環天頂アーク・環水平アーク
氷晶表面の反射		太陽柱・幻日環　等

虹は降水（雨滴）に太陽光が入射し、屈折・反射することでプリズム効果が生じ、色が分散する現象です（下図1-①・②）。水滴内部で光が反射するため、虹は観察者から見て太陽と反対側の空に現れます。副虹では2回反射が起こることで、色の順序は主虹とは逆になり、見かけの半径も異なります。

氷晶の形状と大気光象

一方、氷晶による大気光象は、上層雲の小さな六角板や六角柱の氷晶（ガラスのような透明な六角形の粒）によって起こります。太陽光が氷晶のどの面に入射し、どの面から抜けていくかの経路のパターンによって、できる大気光象の種類が異なります。

下図の2-①では60°プリズムの効果で光が約22°、2-②では90°プリズム効果で約46°曲げられます。また、2-③は氷晶の表面で光が反射する効果です。氷晶によるこれらの作用でいろいろな大気光象が現れ、私たちを楽しませてくれるのです。

原因となる氷晶の形	現れる大気光象
①六角柱状の氷晶（図3-①）	22°ハロ(内暈)・46°ハロ(外暈)・タンジェントアーク・パリーアーク 等
②六角板状の氷晶（図3-②）	幻日・環天頂アーク・環水平アーク 等

原因となる氷晶の形状に注目してみると、主な大気光象は上の表のように2つに分けることができます。同一種の氷晶が複数の現象の原因となっていることがわかりますね。つまり、複数の現象が同時に現れることも多いということです。たとえば、幻日と環天頂アークは同じ板状の氷晶が原因であり、夕方に幻日が見えるときは同時に環天頂アークも出現することがあります。ところが、それを知らずにいると、目につきやすい幻日にだけ目を奪われ、頭上高く、美しく輝く環天頂アークをみすみす見逃してしまうことにもなるのです。

また、逆にいえば大気光象を観察することで、いま自分の頭上にはどのような形の氷の粒が存在しているかを知ることができます。大気光象を眺めて、「ああ、この上には板状の結晶がたくさんあるんだ」等と考えてみるのも楽しいものです。

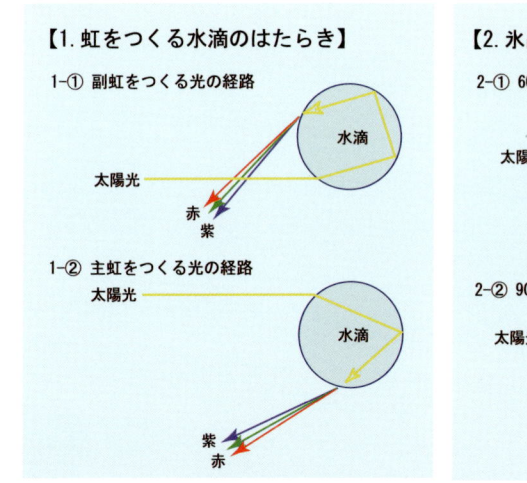

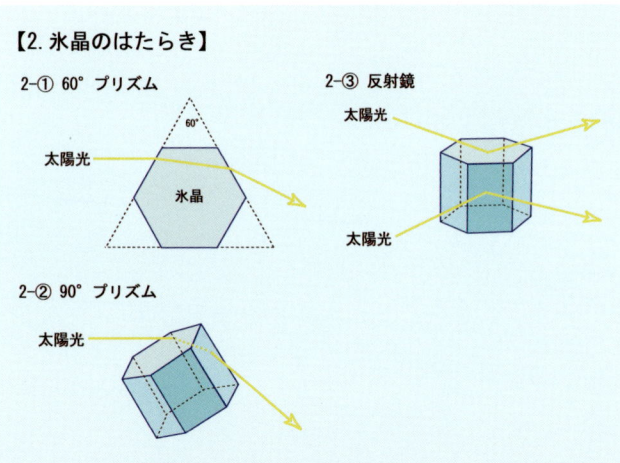

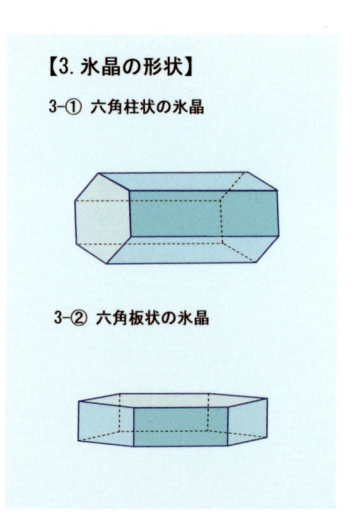

【1. 虹をつくる水滴のはたらき】

1-① 副虹をつくる光の経路

1-② 主虹をつくる光の経路

【2. 氷晶のはたらき】

2-① 60°プリズム

2-② 90°プリズム

2-③ 反射鏡

【3. 氷晶の形状】

3-① 六角柱状の氷晶

3-② 六角板状の氷晶

レア度 ★★（全周の虹はレア度★★★）

虹（にじ）

成因 ……………………………………………………………………………………… 雨滴(水滴)による屈折・反射
バリエーション ………………………………………………………………………………… 主虹・副虹・過剰虹
　　　　　　　　　　　　　　　　　　　　　　　　　　　　　　　色・形状による俗称　赤虹・白虹・株虹

　誰もが知っている美しい現象。ただし、その割には出現頻度（または継続時間）は高くなく、完全な半円形の虹を見るチャンスはそう多くはない。

　虹は多くの場合2本が対になっており、下の明るいものを「主虹」、上にできる薄いものを「副虹」とよぶが、両者の色のならびかたは逆になる。主虹の内側にさらに緑〜紫色の縞模様ができることがあり、これを「過剰虹」とよぶ。ほかにも色で「赤虹」「白虹」、形状から「株虹」というように俗称が多く使われている。観測者から見ると必ず太陽とは逆の方向にできることを知っていれば虹に出あう機会も増える。

青空の下の虹。虹の存在は、そこに降水があることを示している。主虹は半径約42°の巨大な円弧を空に描く。主虹の上にうっすらと副虹も見える。

積乱雲の下の虹。虹の寿命は短いことが多く、明るく美しい虹に出あう機会はあまり多くない。

虹は日本では7色であるが、他国では5色や6色としている場合もある。色はその国の文化とも深い関係がある。

主虹と副虹。主虹の上に見える暗い虹が副虹。主虹と副虹の間は「アレキサンダーズ・ダークバンド」とよばれ、他の部分より暗い。

太陽高度が高いときの虹。頂部だけが地平線上に見える。太陽高度が42°以上になると、主虹は地平線の下に沈んでしまうことになるため、見ることができない。

主虹の紫色のさらに下にできる薄い縞模様を過剰虹という。過剰虹は、微小な水滴による光の干渉によってできる。

赤虹。太陽高度が低い朝夕は太陽光の青色成分の光が大気に散乱・吸収されてしまい、赤い光だけが残る。この光によって虹ができると赤色だけの虹となる。

レア度 ★★★

光環（こうかん）

成因	微小な氷晶(水滴)による回折
関係する雲	巻雲・巻層雲・巻積雲・高積雲・高層雲
バリエーション	日光環・月光環

　光の回折によって太陽（または月）の周りにほぼ同心円状に七色のパステルカラーの光の輪ができる現象。太陽によってできるものを「日光環」、月によるものを「月光環」とよび分ける。

　視直径は普通、数度（手を伸ばしたときの握り拳より小さい位）と大きくはなく、常に太陽の近くにあるため、明るいものでないと気がつきにくい。

　下の写真のように太陽（月）を木立や道路標識などで隠したり、サングラスをかけて見るとわかりやすい。

右上：巻積雲による日光環。雲片によって光環にもムラができる。

右下：月による光環を月光環とよぶ。満月に近いときに見やすく美しい。しかし写真撮影には数秒の露出が必要なため、雲が流れて写ってしまう。

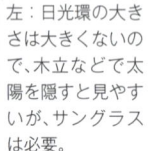

左：日光環の大きさは大きくないので、木立などで太陽を隠すと見やすいが、サングラスは必要。

レア度 ★★

彩雲 (さいうん)

成因 ·· 微小な氷晶（水滴）による回折
関係する雲 ·· 巻雲・巻層雲・巻積雲・飛行機雲

　光環と同じく光の回折によって雲が広い範囲にわたって真珠光沢のように色づく現象。光環のように太陽を中心とした円形にはならず、見えかたは雲の形状・厚さに左右される。また太陽からかなり離れた雲にも見られる。
　彩雲の観察も光環同様、サングラスをかけるとわかりやすい。

真珠色に明るく色の鮮やかな彩雲は大変美しい。

彩雲の中を飛ぶ飛行機。

太陽近傍の彩雲はサングラスを通して見ると美しく浮かび上がる。

レア度 ★

光芒・薄明光線（こうぼう・はくめいこうせん）

成因	大気中の微小粒子
関係する雲	主に積乱雲・高積雲・層積雲・積雲
バリエーション	薄明光線・反薄明光線

　輪郭のはっきりした、厚みのある塊状の雲の隙間から光が漏れ、その光の筋が明るく広がって見える現象。

　薄明光線には下向きに光が伸びるものと、太陽高度が低いときに上向きに伸びるものとがある。薄明光線が頭上を越えて大きく伸び、太陽と反対側の地平線へ収束するようになると「反薄明光線」という名前でよばれる。一般に薄明光線・反薄明光線をまとめて「光芒」とよぶことが多い。

　天文で使われる「薄明」と混同されやすいが、意味は異なる。

層積雲の雲間から光の筋が下向きに伸びる光芒は「天使のはしご」あるいは「天使の階段」などとよばれることもある。

低い層積雲からの光の筋。光芒は輪郭のはっきりした下層の雲＝積雲・層積雲によってできることが多い。

普通と異なり、雲の影になった部分だけが暗い筋になって見える、いわば「反転光芒」ともいえるもの。これも薄明光線のひとつ。

反薄明光線

　上向きの薄明光線が観測者の頭上を越えてさらに伸びると、反対側の地平線に収束しているように見えるようになり、名前も「反薄明光線」となる。薄明光線同様、収束するように見えるのは遠近法の効果によるもので、いわば観測者の錯覚。

日没直後の東の空。頭上を越えて長く伸びる反薄明光線。観察するためには見通しのよい開けた場所が必要。

COLUMN
360°の虹をつくる

　自然の虹は普通半円形に見えます。それは水平方向より下が地表面のため、水滴が存在しないからであり、水滴があれば虹の下半分も見ることができるはずです。

　ぐるっと一周つながった「360°の虹」を実験でつくってみましょう。よく晴れた日に、水道ホースに散水用のノズルをつけて広い範囲に水を噴射します。太陽を背にして観察すると……。どうです？　半径約42°、直径は約84°もある立派な360°の虹のできあがり（右写真）。

　実験は、足元にできる虹を見やすくするため、太陽高度が低いときに行い、脚立などを使って上から見下ろすようにするなど、ちょっとした工夫も必要です。また、体にも水がかかってびしょぬれになってしまうので服装にも注意です。夏に大勢でワイワイいいながら実験するのが楽しくてよいですね。

水をまいてつくった人工の360°の虹。1枚の写真には入りきらないため、4枚の写真を合成。太陽を背にしているので撮影者は影になる。虹の中にいるのは筆者の娘。

ハロ（はろ）

別名	暈（かさ）
成因	大気中の六角柱状の氷晶（巻層雲・巻雲）
バリエーション	22°ハロ・46°ハロ、その他直径の異なるハロ（9°・18°・35°など）

　太陽あるいは月の光が雲中の六角柱状の氷晶によって曲げられて、太陽・月を中心とした円形の光の輪ができる現象の総称。

　視半径が22°のハロ（内暈という）がもっともよく見られ、普通はハロ＝内暈とされるが、ごくまれに、9°・18°・20°・35°・46°などの異なった視半径のものが見られることがあり、雲の観察者によってはこのレアなハロを発見することが大きな喜びになる。

　巻雲・巻層雲が空を広く覆うときが観察のチャンス。太陽の近くの現象なので、目を保護するためにもサングラスを忘れずに。

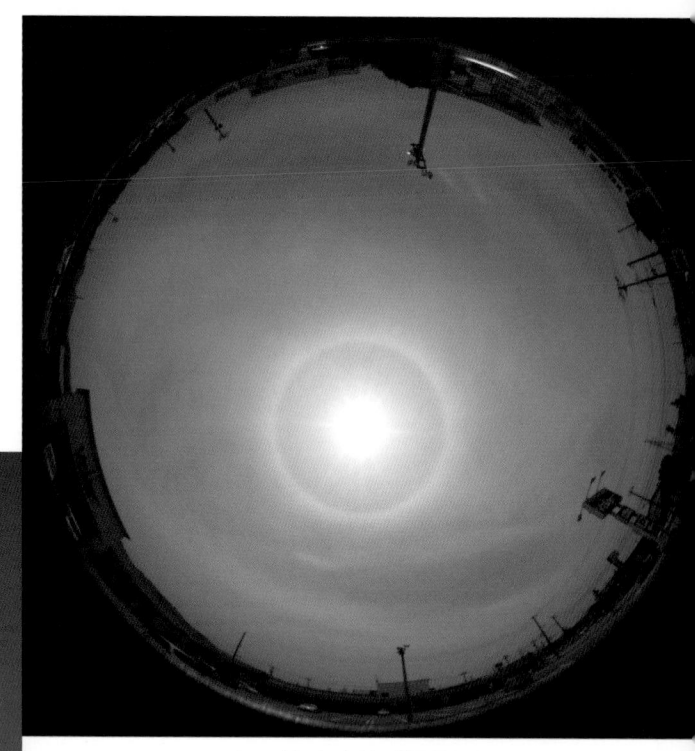

空いっぱいに広がる巻層雲と22°ハロ。ハロは自然の造形。空にコンパスで描いたような巨大な真円を描く。その視直径は角度で44°と、とても大きい（Fisheyeレンズで撮影）。

巻層雲の毛状雲による22°ハロ。太陽高度が低いときのハロは地上の景色と比較できるので、その大きさが実感できる。28mm以上の広角レンズでないと全体を一度に撮影することができない。

レア度 ★（月暈は＋1）

22°ハロ[内暈] （22度はろ・うちかさ）

　主に巻層雲・巻雲によってできる現象。視半径22°の光の円を描くため22°ハロ、また内暈（うちかさ・ないうん）、または単に暈とよばれる。

　太陽によるものを日暈（ひがさ・にちうん）、月によるものを月暈（つきがさ・げつうん）とよび分ける。

　低気圧の前面の上層雲＝巻層雲によってできることが多いため雨の前兆とされ、「太陽が暈（笠）をさすと雨になる」ということわざがあるが、ある統計によるとこのことわざの的中率は約60％という結果もある。

　春先、特に4〜5月によく見られ、注意して観察していれば1年間に50回程度は観測することができる。大気光象の中ではもっともポピュラーな現象。

巻層雲でできた月暈。月暈は満月に近いときにだけ現れるので日暈に比べ見るチャンスは少ない。写真では中央左端にオリオン座が写っていることで大きさが比較できる（Fisheyeレンズで撮影）。

太陽を街灯で隠して撮影した暈。太陽周辺の現象は太陽本体を電柱や木立、標識などで隠してみると観察しやすい。

氷晶のプリズム効果によってできるハロでは内側が赤色に色づく。

レア度 ★★★★★★

46°ハロ[外暈] (46度はろ・そとかさ)

　内暈（22°ハロ）の外側に現れるため「外暈」ともよばれる。内暈の約2倍、半径約46°の巨大な円を描く現象。出現頻度が圧倒的に少ない上に、あまりに大きいことと、内暈に比べて薄い（暗い）ことから存在に気がつきにくく、観察者にとって難易度が高い、貴重な現象。

右：22°ハロの外側に大きく円を描く46°ハロ。内暈と同じ六角柱状の氷晶でできる現象であるため、内暈を見たときは必ずその外側にも目を向けてみたい。

レア度 ★★★★★★

9°ハロ (9度はろ)

　内暈の内側に、ほぼ半分の大きさにできるハロ。角柱状の先端が鉛筆のように尖った、水晶のような氷晶によってできるとされ、非常にレアな現象。雲の観察者にとってはあこがれの存在となっている。

　このハロは太陽に近く、レンズのフレア、ゴーストと紛らわしいため、写真で存在の証拠を記録する場合は、太陽を建物や電柱で隠して撮影することが必須。

内暈の内側の小さな円が9°ハロ。もっともレアなハロ現象のひとつ。建物の屋根で太陽本体を隠して撮影。レンズによる同心円状のゴーストと見間違えやすく、筆者への問い合わせも多い。

レア度 ★★★★★★

その他の直径のハロ（35°ハロなど）

目にすることが困難な超レアな現象。

太陽を中心として円を描くようにできるハロには、ここまで紹介したもののほかに、18°・20°・35°のなどの半径のものの存在が知られている。右はそのうちのひとつ35°ハロ。22°ハロの外側（左斜め下）にうっすらと円弧が見える。

これらのレアなハロはすべて、先が鉛筆のように尖った水晶のような六角柱状の氷晶によることがわかっているが、観測例はそれほど多くなく、雲観察者にとって「幻」の現象ともいえる。

薄い巻層雲があり、とても濃い（明るい）22°ハロが見えているときに、その外側・内側を注意深く観察してみるとよい。ただし、観察にはサングラスが必須。

22°ハロの左下側に淡く見えているのが35°ハロ。内側には9°ハロも見えている。

COLUMN
大気光象が見られる頻度はどれくらい？

右の表はあるひとりの観測者が普段の生活をしている中で観測した、主な大気光象の出現回数をまとめたものです（5年間の平均）。

これを見ると内暈（22°ハロ）や幻日などは出現回数が案外多いことに気づきます。この観測者は一般の社会人であり、（平日の）昼間は観測をしていません。よって、これらの現象の実際の出現回数は表よりかなり多いと考えられます。実際、筆者は22°ハロを1年に平均約50回観測しています（筆者も仕事をもっていますが）。

逆に、誰もが見たことのある「虹」は大気光象の中では意外にレアな現象であることに気づくでしょう。

つまり、貴重な大気光象の多くは出現していてもそれに気づかない人が大変多いのです。美しい大気光象を見たいと思ったら、常に空に注意を払うとともに、「いつ」「どこに」現れやすいかを知っていることが大切なのです。

現象名	割合	年平均数
日暈（内暈）	45%	35
幻日	14%	11
環天頂アーク	10%	7.9
光環（太陽）	9%	7.1
光環（月）	6%	5
上端接弧	4%	3
虹	3%	2.4
環水平アーク	3%	2.1
月暈（内暈）	2%	1.4
外接ハロ	2%	1.4
太陽柱	1%	1
外暈	1%	0.7
上部ラテラルアーク	1%	0.6

大気光象目撃頻度（5年間の平均値）。「割合」は全大気光象に占める割合。「年平均数」は1年あたりに見られた回数の平均。

レア度 ★★★
環天頂アーク（かんてんちょうあーく）

成因 ·················· 大気中の六角板状の氷晶
観察ポイント ·················· 太陽高度が32°以下のとき、太陽から上方46°の位置

　名前の通り、太陽から約46°上方に「天頂を中心にした円弧を描くように」現れる現象。観察者から見ると虹が逆さまになったように見えることから「逆さ虹」とよばれることもある。

　色がきれいに分離し、ときに非常に明るく輝き、その美しさは大気光象の中で群を抜いているが、天頂近くに現れるため出現していても気づかない人が多い。

　太陽高度が32°以下のときにしか現れない。早朝や夕方に巻層雲が空を覆っているときには注意。

Fisheyeレンズで撮影した環天頂アーク。天頂を中心とした弧をつくるため、これが名前の由来となっている。

明るく輝く環天頂アークは色が鮮やかで美しい。

環天頂アークは太陽の46°上方に太陽側に凸になるようにできるため「逆さ虹」とよばれることもある。

レア度 ★★★★
環水平アーク（かんすいへいあーく）

成因 .... 大気中の六角板状の氷晶
観察ポイント .... 太陽高度が58°以上のとき、太陽から下方46°の位置

　環天頂アークとは逆に、太陽から約46°下方、水平線とほぼ平行に現れる現象。この現象も大変色が美しく、ときにはテレビなどでニュースとして取り上げられる。

　太陽高度が58°以上のときでなければ現れないため、見るチャンスは晩春〜夏の正午を中心とした時間帯に限られ、天頂アークよりレア度は高い。

　また、出現する太陽高度の条件から環天頂アークと同時に現れることは絶対にない。

鮮やかな環水平アーク。一直線状に鮮やかで明るい光の帯が伸びる。見応えがあり、新聞やTVの記事になることもある。

積雲の隙間からのぞく環水平アーク。

長く伸びた環水平アーク。巻層雲の濃淡のムラによって光象のできかたも影響される。

レア度 ★★

タンジェントアーク
［上端/下端接弧］(たんじぇんとあーく・じょうたん/かたんせっこ)

成因	大気中の六角柱状の氷晶
観察ポイント	太陽の上下約22°。太陽高度によって形状が変化する

　太陽から角度で約22°離れて、22°ハロ（内暈）に接するように上下にカーブを描いてできる。太陽の上にできるものを「上部タンジェントアーク（または上端接弧）」、下にできるものを「下部タンジェントアーク（下端接弧）」とよび分ける。

　この現象の特徴は、太陽の高度によって大きく形が変化すること。上部タンジェントアークでは、太陽が低いときは「V字」型、高度が上がるにつれて「一の字」そして「への字」型に変わる。

環天頂アーク（上）と同時に現れたタンジェントアーク。太陽高度が低いときの上部タンジェントアークは「V字」型になる。両者はしばしば同時に現れるため、はっきりとした「V字」にタンジェントアークが見えたときは、その上方にも注意。

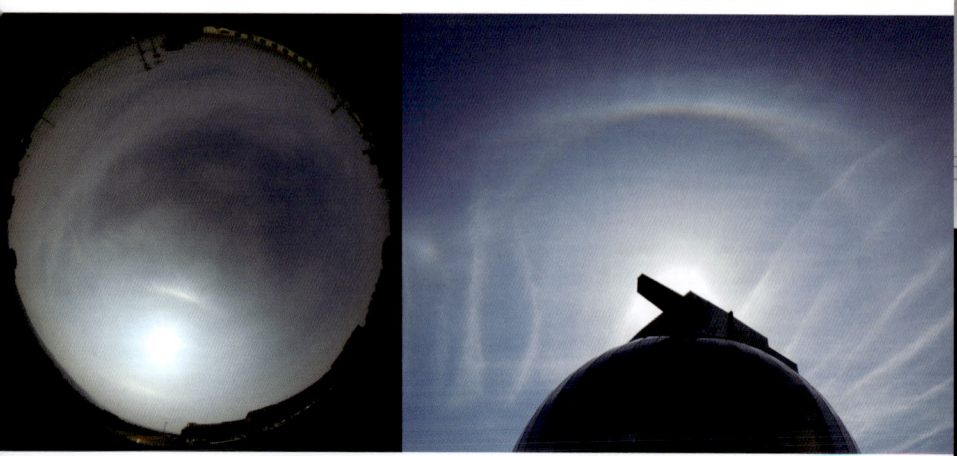

Fisheyeレンズで見たタンジェントアーク。太陽を挟んで上下にタンジェントアークが見える。

太陽高度が高いときは、低いときとは逆に内暈に覆い被さるような形状になるのが特徴。

レア度 ★★★★★

外接ハロ（がいせつはろ）

成因 …………………………………………………………………………… 大気中の六角柱状の氷晶
観察ポイント ………………………………… タンジェントアークから変化。太陽の周囲に内暈を外から覆うようにできる

　上下のタンジェントアーク（P.132）の形状が太陽高度の増加とともに変化することで、内暈に外接するように楕円形の暈ができる現象。内暈が見えない場合は楕円形の外接ハロだけが現れることもある。

　太陽高度が約45°以上になり、上下のタンジェントアークが太陽の左右でつながって楕円状になることで、この外接ハロになる。

内暈を外側から取り巻くように楕円形にできるのが外接ハロ。暈が二重になっているように見える。太陽を貫いて幻日環（P.136）も見えている。このように2種類以上の現象が同時に現れるとき、これを「マルチ・ディスプレイ」といい、雲観察者のあこがれ。

薄い巻層雲でできた繊細な外接ハロ。太陽に近くまぶしいため注意して観察しないと見逃してしまう。

レア度 ★★（幻月は＋3）

幻日 (げんじつ)

成因 …………………………………………………………………………………… 大気中の六角板状の氷晶
観察ポイント ………………………………………………………………………… 太陽から左右に22°離れた場所

　太陽から約22°左右に離れて、太陽とほぼ同じ高度に現れる現象。板状の氷晶による屈折ででき、色が大変美しく分離して見える。

　主に氷の粒でできている巻層雲や巻雲が原因で現れ、太陽高度に関係なく出現するが、朝・夕は空の明るさが暗いために幻日が目立ち、目に入りやすくわかりやすい。

　出現頻度は比較的高く、注意して観察していれば月に数回は見ることができる。

　月によってできることもあり、これを幻月とよぶがなかなか見ることはできない。

右の幻日。幻日は氷晶のプリズム効果でできる現象のため、色の分離が見事なときが多い。太陽に近いほうが赤色に色づく。

太陽の両側に現れた幻日。22°ハロの一部、タンジェントアークも薄く見える。

巻雲による幻日。幻日が雲の形をしていることで、巻雲が氷晶からできていることがわかる。

パリーアーク（ぱりーあーく）

レア度 ★★★★★

成因 .... 大気中の六角柱状の氷晶
観察ポイント .... 太陽上方約22°。上部タンジェントアークと接してできる

　上下のタンジェントアークに被さるようにできる幅のやや広い光芒。極地で撮影された写真には明るく見事なものもあるが、日本ではかなりレアな現象であり、比較的薄いので気がつく人はほとんどいない。逆にこの現象に気づくようになれば、雲観察者としての「目」が養われているともいえる。

　太陽の下側、下部タンジェントアークに接するようにできるのが下部パリーアークとよばれる現象であるが、筆者はまだ確かな現象には出あっていない。

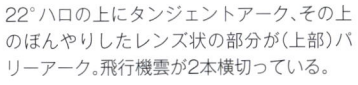

22°ハロの上にタンジェントアーク、その上のぼんやりしたレンズ状の部分が(上部)パリーアーク。飛行機雲が2本横切っている。

内暈の上部のタンジェントアークの形状がおかしいことで存在に気づいたパリーアーク。太陽に近い上に淡いため、この貴重な現象に気づく人はほとんどいない。タンジェントアークが見られたら、この現象にも注意。

レア度 ★★★★（全周の幻日環は＋2）

幻日環 (げんじつかん)

成因 ……………………………………………………… 大気中の六角柱状の氷晶
観察ポイント ……… 天頂を中心に、太陽を通って大きく全天を1周。色はない。太陽高度によって直径が変わる

左下：Fisheyeレンズで撮影した、太陽を貫いて天空を1周する巨大な幻日環。超レアな現象。あまりに大きいのでFisheyeレンズでないと全景を写すことができない。画面の中央が天頂、四隅は地平線。

右下：たくさんある大気光象の中で唯一、水平方向に太陽を貫くようにできるのがこの幻日環。太陽高度が低いときには観測者には一直線状に見える。

　太陽を貫いて、天頂を中心に天空上に巨大な円を描く壮大な現象。日本で見られる光象の中ではもっとも規模が大きいもののひとつ。
　特に360°完全に1周つながった幻日環は超レアで見事であるが、観測するには努力に加えてかなりの運が必要。

COLUMN
太陽近くのまぶしい雲を観察するときの裏技

　夏の日射しの強い日中は太陽がまぶしく、雲の観察がむずかしいときがあります。サングラスを家に忘れたりすれば、もうアウト。しかし、筆者にはそんなときに有効な、とっておきの方法があります。
　それは車のウインドウガラスに反射した雲を観察するという裏技なのです。車のウインドウに反射した風景は明るさが数分の1になり、白く明るくてまぶしい雲や、太陽付近の雲のようすなどをサングラスなしでも楽しめるようになります。
　おまけに、車のウインドウガラスは外側に凸になっていますから、反射した風景は広い範囲を映し出します。これを写真に撮影すれば超広角レンズを使ったのと同じような広い範囲を写すことが可能だということになります。さらに、自分自身も写し込めるので、雲との記念撮影もバッチリ。

リアウインドウを使って積雲と記念撮影。

レア度 ★★★★★

120°幻日 (120度げんじつ)

成因 ………………………………………………………………………… 大気中の六角柱状の氷晶
観察ポイント ……………………………… 幻日環の上。太陽から120°離れた場所（太陽を背にして観察する）

　幻日環上に太陽から左右に120°離れてできる光芒。つまり、幻日環の上には2個の120°幻日と太陽がお互いに120°の角度の間隔にあることになる。

　超レアな現象であり、2個同時に目撃できる観察者はとても幸運。幻日環を発見したら、必ず120°幻日を確認しておきたい。

幻日環の上にできた丸い光点が120°幻日。実際に見るとその大きさはかなり大きく、ソフトボールが空中に浮いているよう。

頭上を飾るこの巨大な現象に気づく人は少ない。

幻日環の一部がふくらんだようにも見えるやや不明瞭な120°幻日。

レア度 ★★★（月光柱は＋1）
サンピラー［太陽柱］（さんぴらー・たいようちゅう）

成因 ……………………………………………………………………………………………… 大気中に水平にならんだ板状の氷晶
観察ポイント …………………………………………………………………………………… 太陽高度が低いときの太陽の上下に垂直にできる

　太陽から上下に伸びる光の柱。薄い板状の氷晶が水平な姿勢で大気中を落下するとき、その上下面で太陽光が反射してできる。

　日の出直後や日没直前に見つけやすく、まれに大変明るく上下に伸びるこの現象を見ることができる。月によってできる同様の現象を月光柱またはムーンピラーとよぶ。

飛行機から見た太陽柱。飛行機は高々度を飛ぶため、周辺の雲は氷晶となっており、太陽柱のほかにもいろいろな大気光象を見ることができる。左右には幻日（P.134）が見える。

夕焼けに染まる太陽柱。朝夕が太陽柱を見るチャンス。

右：長さ十数度にも及ぶ太陽柱。これほど上下に長く、明るく伸びる太陽柱は滅多に見られない。

レア度 ★★★★
ラテラルアーク［接線弧］（らてらるあーく・せっせんこ）

成因	大気中の六角柱状の氷晶
観察ポイント	太陽から約46°以上離れて、外暈に接するようにできる。薄くて見つけにくいことが多い

　薄い上に太陽から離れているため、ほとんどの観察者には存在すら気づかれない現象。「接線弧」という名前の通り、外暈（P.128）に接する接線を描くように現れる。

　普通、外暈の上半円に接するようにできるものを「上部ラテラルアーク」、下半円に接するものを「下部ラテラルアーク」というが、外暈との見分けもむずかしい。

<small>タンジェントアーク（下）と一緒に見られた上部ラテラルアーク。太陽高度が低いときの上部ラテラルアークは外暈と見分けにくいが、形状や同時に見られる光象のようすで判断できる。</small>

レア度 ★★★★（ただし飛行機から）
映日（えいじつ）

成因	大気中に水平に浮遊する板状の氷晶
観察ポイント	飛行機の窓から下方、太陽の真下の位置

　飛行機に乗ったときに、上空から時折見られる現象。

　太陽柱（P.138）と同様の薄い板状の氷晶が、水平に安定して存在しているときに、穏やかな水面（あるいは鏡面）に太陽が映るように反射し、輪郭の明瞭な明るい光点となって見える。

<small>見えない鏡面に映る太陽の姿が映日の正体。やや上下に伸びた楕円形で大変明るく輝いて見える。</small>

雲をつかむ話——雲観察のコツ教えます！ How to Catch The Clouds

雲の観察に必要なものは？

　雲はただ見るだけでも楽しい対象ですが、雲に興味をもち「観察してみよう」と思う人にはぜひ準備して欲しいものがあります。

　① **サングラス**　太陽の近くの雲の観察にはサングラスが必須です。目を守るのはもちろん、サングラスをして見ると彩雲やハロ、尾流雲などが浮かび上がって見え、数々の素晴らしい現象に気づくからです。偏光タイプのものであれば、雲が青空の中に浮き上がって最高に楽しめます。

　② **太陽を隠す道具**　夏は、サングラスをしていても太陽近くの雲を直視できなくなります。そんなときは太陽をさっと隠す道具があれば楽になります。筆者は車に柄が長めの「おたま」を積んでいます。手を伸ばしておたまで太陽を隠すことで、太陽の近くも楽々観察、写真もきれいに写すことができます。もちろん、手で代用してもOK。

　③ **カメラ**　せっかく表情豊かな雲を観察するのですから、記憶するだけではなく「記録」してみましょう。デジタルカメラは撮影した日時が記録されますから、貴重な記録になるでしょう。地上の景色や、植物などと一緒に写して季節感ある雲のコレクションをしていくのはとても楽しい作業になります。

雲の写真を撮るには

　美しく変化に富んだ雲を写真に残しておきたいと思う人は多いと思います。でも、実は雲を上手に撮影するのは、結構むずかしいのです。ここでは、雲を美しく記録するための基本をお教えしましょう。

雲の写真をうまく撮るための7ヶ条

① **広角レンズを使う**

　雲は人が見て感じるよりも大きいので、全体の形がよくわかるように撮影するには広角レンズが必要です。雲の撮影では35mmフィルムカメラでの28mmレンズ相当、できれば24mm相当以上の広角レンズを使うのが理想です。

レンズの焦点距離と写る範囲（焦点距離は35mmフィルムサイズ相当のもの）

② 地上の建物や木などの景色を一緒に入れる

　写真では比較するものがないと、雲の大きさを感覚として捉えることができません。地上の景色、たとえば立木や家屋などを画面の隅に入れると、実際の雲の大きさを実感できます。もちろん、思い切り拡大して雲の一部分の形を記録するのもおもしろいでしょう。

③ 露出は＋補正が基本

　自動露出のカメラでは、雲の輝度・面積が大きかったり、画面内に太陽が入った状態で撮影すると露出が抑え気味になり、まっ白になるはずの雲が露出不足で灰色に写ってしまいます。条件にもよりますが、普通は＋0.3EV程度の補正をします。もちろん、段階露出をしておくと万全です。

④ 太陽の近くの雲は太陽を隠して撮る

　広角レンズを多用する雲の撮影では太陽が画面の中に入ることが多く、レンズのゴーストやフレアでコントラストが悪くなりがちです。太陽の近くの雲や現象を撮影するときには太陽本体を立木や電柱、街灯などで隠して撮影するととてもきれいな写真になります。

⑤ 多くの枚数を撮る

　デジタルカメラの最大の利点は何枚撮影してもプリントしなければ全く費用がかからないこと。美しい雲を見つけたら、面倒くさがらずに撮影角度、レンズの焦点距離、露出を少しずつ変えて、多くのコマ数を撮影しておきます。

⑥ 撮影はスピーディに

　雲の形はどんどん変化します。「あとで撮影しよう」と考えてもほとんどの場合不可能です。美しい雲は「見たらすぐその場で撮る」が鉄則です。

⑦ PLフィルターを使ってみる

　ちょっと上級者向きですが、空の青さをしっかり出すためにはPL（偏光）フィルターを使うのも方法です。ただ、不自然な色にならないよう、効果の効かせすぎには注意が必要。

雲や空の現象の大きさを表す方法を知ろう

　空にある雲やいろいろな大気光象、あるいは天体の大きさを表すには、観察者から見てその対象物が角度で何度の大きさであるかで表します。

　慣れないとわかりにくいのですが、地平線から天頂（頭の上）までの大きさ（角度）は90°ですから、もし水平線から天頂までを覆う雲があればその雲は90°の大きさです。本書P.127の「22°ハロ」とは、半径が角度で22°の円を描いているので直径は44°、つまり地平線から天頂までの約半分もある巨大な現象なのです。

　一般に巻積雲はひとつの雲片が1°未満、巻積雲と見分けがむずかしい高積雲は1°〜5°、層積雲は5°以上の大き

太陽本体を街灯の傘で隠してハロを観察。

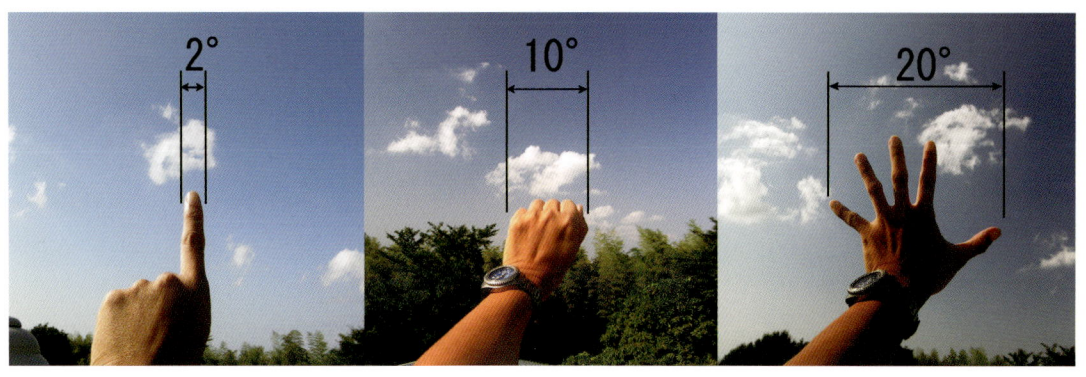

手をつかって空に
ある雲の大きさを
測る方法。

さであり、雲片の大きさは雲の種類を見分けるひとつの手がかりにもなります。

　雲の大きさを簡単に測るには、まず腕をいっぱいに伸ばします。そのまま、人差し指を一本立てると、指の幅が約2°、指を立てないで「グー」にすると拳の幅が約10°、手を大きく開くと小指から親指までの幅が約20°になります（上図）。

　巻積雲の判別のように1°を測るには、同様に腕を伸ばして小指を立てればその幅が約1°。雲片が小指からはみ出す大きさだと、その雲は高積雲の可能性があるということになります。これらを組み合わせて、両手を使えば1°から40°までおおよその大きさを測ることができるのです。

雲観察の参考になる図書

　美しい雲の本があれば、家の中でも雨の日でも、そして夜でも雲を楽しめます。また、本でたくさんの雲を見て雲の表情をつかむことで、実際の雲の観察にも大きく役立ちます。ここでは見て楽しめる写真主体の本をいくつか紹介します。これらを見ていると、「へぇー」と思うことがたくさん見つかるでしょう。

① **興味をもちはじめた人向き**
- ★ 海老沢次雄　『雲 ― とちぎの空風景』：2000　随想舎
- ★ 高橋健司　『雲　Cloud　造形美の競演』：1998　誠文堂新光社
- ★ 武田康男　『楽しい気象観察図鑑』：2005、『すごい空の見つけかた』：2008　草思社
- ★ 田中達也　『雲・空』：2001 ヤマケイポケットガイド25　山と渓谷社
- ★ 村井昭夫　『雲三昧』：2008　橋本確文堂
- ★ ギャヴィン・P＝ピニー　『「雲」の楽しみ方』：2007、『「雲」のコレクターズ・ガイド』：2010　河出書房新社（『「雲」の楽しみ方』は読み物）

② **少し詳しく知りたい人向き**
- ☆ 湯山 生　日本気象協会編『くものてびき ― 十種雲形について』：2000　クライム気象図書出版部
- ☆ Richard Hamblyn　*The Cloud Book: How to Understand the Skies* :2008 David & Charles

あとがき Epilogue

　雲は身近に残った最後の自然なのではないだろうか……。
　もともと趣味で天体やオーロラなどの写真を撮っていた私たちが、雲に興味をもちはじめてから8年あまり。現在、それぞれが雲に関するWebサイトやブログを運営している。そこで雲に興味をもった人たちからよく「雲の種類がわからない」「雲の区別の方法を教えて欲しい」という、もっとも基本的で実はもっともむずかしい質問をされる。雲に興味をもった人にとっての最初のハードルが、この雲の判別だと思う。
　雲はたった10種しかないが、バリエーションは実に多彩で2つとして同じ雲はなく、おまけにその境界が大変不明瞭であることが雲の判別をむずかしくしている（まあ、10種雲形の日本名がどれもあまりに似通っていて、紛らわしいのも原因のひとつなのだけれど）。

　実は、私たち雲好きの間でも雲の判別の解釈について意見が分かれることも多い。数ある気象関係のWebサイトや書籍に掲載されている雲の記事を見ていても、実は結構いい加減で、ときには誤りさえも見られることが以前から気になってはいた。
　これも一般の人向けに雲の種類別のスタンダードを示した資料がとても少ないことに一因があるのではないだろうか。いっそのこと、自分ですべての種類の雲を網羅した雲観察のスタンダードになりえる写真資料をつくれないかとずっと思い続けてきた。もし可能なら、写真を多用し専門的な記述を少なく、誰もが見て楽しみながら雲の不思議を知ることができる本にしたいと。
　今回縁あって、草思社から念願の本を出すチャンスを頂いた。多くの人に手に取って頂き、どこでも楽しめる身近な自然「雲」にぜひ興味をもって欲しいと思う。そして、できれば普段の生活の中で、雲を、空を見上げる楽しみを感じて欲しい。どんなときも、ちょっと見上げるだけで無限の雲の世界を味わうことができるのだから。

2011.4

村井昭夫 & 鵜山義晃

著者略歴

村井昭夫 むらい・あきお

石川県金沢市生まれ。信州大学卒。気象予報士No.6926。雲好き高じて気象予報士に。日本雪氷学会、日本気象学会会員。Murai式人工雪結晶生成装置で2007年日本雪氷学会北信越支部雪氷技術賞受賞。著書に『雲三昧』(橋本確文堂)等、雑誌等に執筆多数。

Blog「雲三昧」
http://blogs.yahoo.co.jp/akinokos

おもな撮影機材
・Nikon D60/D80　　　　＋ Tokina AT-X124 12-24mm F4
　　　　　　　　　　　　＋ Nikon DX Nikkor VR 18-200mm F3.5-5.6
　　　　　　　　　　　　＋ Nikon AF-DX Fisheye Nikkor ED 10.5mm F2.8
・Nikon D700　　　　　　＋ Sigma 12-24mm F4.5-5.6 EX DG Aspherical HSM
　　　　　　　　　　　　＋ Nikon AF-S Zoom-Nikkor ED 17-35mm F2.8
　　　　　　　　　　　　＋ Nikon AF-S Zoom-Nikkor VR ED 24-120mm F3.5-5.6
・Panasonic DMC-GF1　　 ＋ LUMIX VARIO 7-14mm F4.0
・Nikon CoolpixP5100　　＋ Fisheye converter FC-E8

鵜山義晃 うやま・よしあき

三重県伊賀市生まれ。京都大学卒。気象予報士No.2331。天文(特に流星の観測)から雲の世界へ。日本気象学会、日本天文学会、日本流星研究会会員。科学・天文関係の講師、指導歴多数。最近はスプライト(高々度放電現象)の撮影も行っている。著書『彗星と流星群』(関西天文同好会)。

Webサイト「空と雲のフォト日記」
http://kokoten.raindrop.jp/

おもな撮影機材
・Fuji FinepixS3/S5　　＋ Nikon AF-DX Fisheye Nikkor 10.5mm F2.8
　　　　　　　　　　　　＋ Nikon DX Nikkor 18-70mm F3.5-4.5G ED
・Nikon D700　　　　　　＋ Nikon AF Nikkor 18-35mm F3.5-4.5D
　　　　　　　　　　　　＋ Nikon AF-S Nikkor 24-120mm F4G ED
　　　　　　　　　　　　＋ Nikon AF-S Nikkor 70-300mm F4.5-5.6G ED
　　　　　　　　　　　　＋ Nikon AF-S Nikkor 24mm F1.4G ED
・CASIO EXILIM EX-F1

雲のカタログ
空がわかる全種分類図鑑
2011©Akio Murai, Yoshiaki Uyama

2011年 5月30日 第 1 刷発行
2020年12月21日 第19刷発行

文・写真　　村井昭夫・鵜山義晃
装幀者　　　Malpu Design (清水良洋+黒瀬章夫)
発行者　　　藤田　博
発行所　　　株式会社　草思社
　　　　　　〒160-0022　東京都新宿区新宿1-10-1
　　　　　　電話　営業03(4580)7676　編集03(4580)7680
　　　　　　振替　00170-9-23552
印刷　　　　中央精版印刷株式会社
製本　　　　大口製本印刷株式会社

ISBN978-4-7942-1823-0 Printed in Japan　検印省略
http://www.soshisha.com/